[ 新形态教材
New Integrated Form
of Coursebook ]

# 材质语义
# Material
# Semantics

本书系"艺科融合背景下设计作品中编织材料应用的融合创新"成果,课题
编号:KT2023054;系"跨界综合、艺科融合趋势下的会展设计教学研究"
成果,课题编号:Y202147364

汪菲 著

中国美术学院出版社

日常·媒介·象征·符号

# 前言　　　PREFACE

"Material"意为材料，拉丁语译为"materia"，其前缀"mater"和"mother"相关，即"母亲"的意思。我们也可以理解为材料即一切事物孕育的初始，材料的使用贯穿在人们的日常生活和设计作品中，它是所有物品的依托，它很日常，其日常性甚至让人们忽略了它自身的材料美学意义。

"材质语义"课程从构成我们生活中的事物材料的本体出发，来关照设计，去探寻叙事环境设计作品中材料自身的结构和尺度，并进行创新实验与应用，引导学生发掘材质之美。

当代设计的蓬勃发展使设计进入一个崭新的时代，事实上艺术与设计的界线变得逐渐模糊，甚至消失，传统设计专业细分的方式已经难以满足设计的实际需求。

党的二十大报告提出："推动战略性新兴产业融合集群发展，构建新一代信息技术、人工智能、生物技术、新能源、新材料、高端装备、绿色环保等一批新的增长引擎。"本课程实验性地从材料媒介的视角探讨当代设计的新思维和新手法。本书的编写能够传承设计学的学术思想，积累设计学文化，成为促进设计方法以及学术创新的重要工具。

## 本教材目标

本课程以艺术设计中的材质问题为研究点，研究材料属性、材料美学、新材料新技术、材料与形态、材料与色彩、材料与感官之间的关系。以空间饰面材质、空间建构材质、空间情境营造材质的创新为特征，以可持续化、可降解的再生材质为实验主题。课程通过材质的使用属性和象征性表达、材质与其他设计要素的关系研究，使学生了解和掌握设计中材质语言的构成语法和美学语义，并具备掌握材质在设计实践中综合应用原理的能力。课程以材质作为切入点，依据叙事环境的设计特征展开材质创新实践，树立一种敢于打破传统常规材质的观念束缚，以可持续化、可降解的再生材料为实验主题研究的价值观。

## 本教材的受众

本教材是为视觉传播学院特别是叙事环境与综合设计专业方向的学生而编写。但是在教材写作过程中，并没有局限于此，而是以材质实验创作为契机，通过博取各专业之所长，吸取和借鉴包括材料学、纤维艺术、手工艺术、建筑设计、工业设计、服装设计等不同学科的材料实验的优秀案例，旁征博引，探讨在环境叙事语境下的材料实验教学。

"投以木桃，报以琼瑶。"本教材希望开启一个材料课程教学互相共谋的氛围。本教材也可以供其他相关材料专业教学参考与借鉴。

## 写给教师的话

设计思考是设计师的主观意识形态运作的产物，它是抽象的、形而上的，存在于设计师的头脑中，受到个人经验和审美取向等因素的影响，在感知领域中它需要通过各种具象的媒介传达给观者。《易经·系辞》中写道："形而上者谓之道，形而下者谓之器。"形而上是看不见摸不着的，在这里我们探讨艺术设计的教学方法，其实是知觉范畴，特别是在艺术学院的大环境下，艺术设计着重探讨视觉的接纳方式。

本教材突破常规教学方式，实验性地从能够被人们所感知的形而下的材料媒介入手，来反哺知觉的形而上。我们都清楚，妄图去寻找一条唯一和绝对的设计教学方法的想法是徒劳的，设计训练本身应该是多样性的呈现，本教材的出版目的也是为设计教学提供更多样性的可能。

从材质媒介的实验与研究入手，进行教学实践，能够给学生提供设计新思路的训练。设计是一个需要不断创新和创造的过程，设计教学从来不是教师经验或历代作品的复制与复刻，而是教师与学生共同去探讨、延展来完成作品的过程。

同时，从材质媒介的实验与研究入手的课程训练迫使学生直接面对材质媒介进行设计与建构，能提高设计学专业学生的动手能力，更能改变学院教学模式下学生作品脱离现实实践的"象牙塔"式的教学困境。

## 章节设置

本教材主要从三个部分，共六个章节进行编写。

第一部分：什么是材质语义？

主要讲解材质语义的含义及与之相关课程的结构关系。一直以来，在艺术设计的教学大纲下，材料设计课程往往被简单地看作设计专业的一门基础课；但是，它不仅仅是一门基础课，材料可以作为一个主要的视觉手段来传达设计思想和理念。材料和图形、色彩、图像等设计元素一样，在设计中起到设计表达和设计叙事的作用。通过对材料应用的脉络梳理，表达在当下的设计概念中，材料从作为配角的隶属地位挣脱出来，以一种独立的姿态和面貌成为设计表达的重要手段。最后，引入包豪斯教学体系中材料设计课程的教学建构，为我们的设计教学提供理论依据、思路和启发。

第二部分：为什么设置"材质语义"课程？

首先，通过回溯设计历史，我们看到每一次材料和技术的更新、发明都能推动整个设计的创新，这证明材料研究在设计中的重要性。其次，通过梳理设计师在材料运用上的成功案例，引导学生打开一个新的设计切入点。最后，通过单独设置一个章节来探讨环境叙事语境下的材质语义。

第三部分：如何进行材料实验？

首先，介绍课程进程中的材料语义的认知、材料语义的探析、材料语义的重构及应用四大教学模块。然后，教师引领学生思考从哪些切入点进入各自不同的材质语义的实验模块实操。另外，笔者在这部分做了一个材料选择、实操的思维导图，这是材质课程的难点和重点。在写作与备课前期，笔者搜集了尽可能多的与材料设计和研究相关的教材与书籍，它们大多以对材料种类的梳理和罗列作为切入点来进行材料的分析，可以说是从一个观察者的角度所做的材料总结。但是材料每时每刻都在更替，无法穷尽，这方面内容的梳理也可以通过互联网的检索来完成对材料的基本认知和架构；因此，本次的教材编写没有强调此内容。笔者尝试梳理几大类材料设计的实验性工艺和手法，从手法和手段入手，引导学生展开自己的材料实验。现在的梳理难免不成熟，无法涵盖所有的手法，希望在今后的教学实践中一步步去完善。

我们通常研究材料会强调材料和触觉、视觉两种感官功能之间的关联。"材料与知觉 + 思考材料"可以由其他的知觉关联而引发设计尝试。

材质语义的课程实操强调一种"手工性"，抛开电脑等虚拟媒介，是手与物直接对话的关系，是一种通过预先设计和偶发的惊喜相互碰撞的创作状态，这是学生在视觉传播学院其他专业课程中较少接触的训练环节。

# 目录 CONTENTS

# 什么是"材质语义"

## What is

## Material Semantics

# Part 1

# ctice and research significance

# 与研究意义

## Introduction of the Chapter

### 本章导读

由结绳记事、兽皮御寒开始，人们便使用材料。那时，材料被用来记录，用来敷体、用来温暖，用来渲染……无数年的嬗变后，材料有了表达，用来成为沟通的媒介，成为艺术的一部分。

《新视觉》中由感知训练、触觉训练开启的材料教学。

物之存在（即物性，die Dinghein）与具有此种存在方式的存在者区划分开。用来把握物之存在方式的存在者在陈述中把握物的方式却转移到物身的结构上去。

# 第一章 "材质语义"课程的含义与研究意义

**本章导读**

■ 由结绳记事、兽皮御寒开始，人们便使用材料。那时，材料被用来记录，用来蔽体，用来取暖……无数年的嬗变后，材料可以用来表达，用来渲染，用来成为设计语言的一部分。

■ 《新视觉》中由感知训练、触觉训练开启材料教学。

■ 物之存在（即物性，die Dingheit）。

■ 把具有物之存在方式的存在者与具有作品之存在方式的存在者划分开。

■ 人把自己在陈述中把握物的方式转嫁到物自身的结构上去。

## 第一节    "材质语义"的含义

把"材质语义"拆分开来，从词义上去理解，来看看材质语义的含义。材质指的是材料所表现出的质感。

### 材料：

英文译为"Material"，拉丁语是从 "materia" 过来的，"materia" 中的 "matter"词源同母亲——mother，有着孕育的意思，指一切事物的来源与源头。诚然，材料构成了我们所有的物质世界，这是一个不争的事实。

《考工记》记载："天有时，地有气，材有美，工有巧，合此四者，然后可以为良。"这是我们祖先系统的造物观。

### 质感：

*这样我们可以把材质与材料做一个简略的区分：材料有着多重属性，尤其不能忽略其结构属性，而材质则仅仅是材料的表面效果，一种人可以直接获得的知觉属性。*
*——《材料呈现——19 和 20 世纪西方建筑中材料的建造—空间双重性研究》史永高*

材料的"质感"通过材料的物理特征来表现，通常质感分为材料本身的质感和表面质感。

这些特征作用于人，也可以用来区分人对某种材料在触觉和视觉两种感官上的体验。视觉质感是眼睛所看到的，也就是不需要去触摸，通过分辨物体表面的质地、光泽、纹理、色彩、反射、透明度等表面视觉特征感受。触觉的质感则要通过人的皮肤，由交感神经去感受，去分辨材料的软硬感、凹凸感、平滑度、蓬松度、温度、湿度等。在材料设计的作品中，设计师也可以根据质感在触觉和视觉上的联动或者是反差的特征来进行设计创作，去表达一种针对人的视觉和触觉的刺激而引发的心理触动与感受。

有时我们体验到真实的质感或失实的质感，而关于真实和失实，这便是触觉和视觉所引起的协同或反差所引发的结果。由于材料"日常性"的特征，人们对于某些熟悉的材料具有基于人日常体验所携带地对材料的回忆、关联和联想。因此，在材料设计时，试图去强化这种对材料记忆的关联性或者拉开材料记忆与实际设计作品中材料质感的差距，都是在材料设计中经常使用的设计方式。

混凝土是当下环境建造当中普遍使用的建造材料，具有良好的塑性。混凝土加水搅拌后，能在短时间内硬化，可以通过浇筑的方式形成各种形状大小的构建。同时，它又具有抗压强度高、耐久性好的特征。由于混凝土中混合了砂、石等材料增加其牢固性，混凝土通常作为材料基底层之用。因此，混凝土给人们的材料联想和记忆便是坚固、强硬、高大、粗糙的、有凹凸感的、廉价的印象。

而具有"清水混凝土诗人"之称的安藤忠雄（Tadao Ando, 1941—  ），使用抛光木板做模具，对明缝、禅缝、板对拉螺栓间距的精确计算与施工，浇筑出来的混凝土质感光滑、精致，如同"丝绸般丝滑"的质地与混凝土之前给人留下的印象大相径庭（图 1、图 2）。中国台湾设计师组合 22 工作室（22STUDIO），以独特的设计语言重新定义混凝土，赋予其全新的想象，打造出钟表、饰品、书写工具等系列产品。不仅如此，设计师们在混凝土的透明性、光滑度、反射率上都做出了不同程度的尝试（图 3—图 5）。

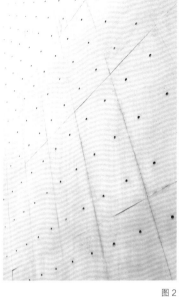

图1

图2

图3

图1 安藤忠雄直岛设计的当代美术馆

图2 安藤忠雄的清水混凝土质感光滑、精致,如同"丝绸般丝滑"的质地

图3 22工作室用混凝土制作的系列戒指,独特的设计语汇重新定义混凝土,赋予其全新的设计想象

图4 22工作室设计的第四度空间时钟

图5 22工作室设计的超椭圆水泥花器,尝试水泥的超柔软质感表达

图4

图5

透光混凝土是由大量光学纤维或塑料树脂等透光材料与普通混凝土复合制成的高透明度特殊功能混凝土，也称透明混凝土，也有行业人士认为应将其称为导光混凝土。透光混凝土可使建筑物产生多变的空间效果，减少室内人工照明的消耗，且力学性能基本不受影响，完全可以用作结构材料和承重构件，同时具有良好的热学性质。根据光纤加入时序的不同，可将透光混凝土的制作工艺分为先植法和后植法两种。根据添加的功能性材料不同，透光混凝土可分为纤维类透光混凝土和树脂类透光混凝土。纤维类透光混凝土是由大量的光学纤维（导光纤维、光导纤维）和普通混凝土组合而成的，制作工序比较复杂；树脂类透光混凝土由导光树脂与水泥浆料结合而成，但导光树脂材料易老化，耐久性较差。

——《中国战略性新兴产业研究与发展——功能材料》刘庆宾

匈牙利建筑师阿隆·罗索尼奇（Aron Losconzi）于2001年发明了可透光的混凝土Litracon（Light Transmitting Concrete），他将成千上万根光纤并排埋入传统混凝土中，创造出一种轻的、具有材质透明度的新型混凝土。同样的技术原理也被应用在之后很多的设计案例中，如约旦首都银行的透光混凝土墙，在光的作用下，植物的影子穿透混凝土印在透光混凝土墙上。建筑师利用光导纤维的导光性，把它加入到具有古老历史的混凝土当中，在材质的视觉质感方面，形成了强烈的反差，与传统混凝土给人们留下的重的、坚实的印象形成巨大的反差（图6、图7）。

混凝土的成型绝大多数情况下依靠浇筑技术，浇筑之初，混凝土的水泥砂浆没有办法独立成形，必须通过相应的模具来控制混凝土浇筑时的形态。因此，模具的形态、质感反向地也会影响混凝土凝结后的质感，有点类似于正形与负形之

图 6　约旦首都银行的透光混凝土墙，在光的作用下，植物的影子穿透混凝土映在透光混凝土墙上

图 7　可透光的混凝土 Litracon

图 8　竹模板混凝土

图 9　奥地利的公司 Incremental3D 开发了独特的混凝土 3D 打印方法，其工作原理类似于 FDM 3D 打印。该技术能够快速打印非常精细的自由形状几何图形，而无需任何支撑结构

图6

图

一般我们在绘画和视觉艺术中提到材料时强调两个概念。一是肌理（Texture），即材料表面的纹理，二是形式表面的图案（Surface patern）。从空间的角度来讨论材料的问题，主要是研究材料对空间知觉的影响。材料的肌理重在触觉，从空间的角度来说比较平面化，好像并不直接提示三维的空间关系。我觉得肌理的意义还在于两种材料的并置所产生的对比在表达上的可能性。

——顾大庆

间形态的图底关系。设计师也会利用各地特有的一些材料和技术来制作浇铸模具。王澍在杭州国家版本馆的园林景墙上就使用了竹模板混凝土，与真实的竹景交相呼应（图8）。

混凝土 3D 打印技术也在国内外日渐成熟，它通常被应用在解决住房危机的快速化建造领域。和其他 3D 打印的建造方式相同，混凝土 3D 打印也是通过3D 打印机的喷嘴逐层挤出混凝土混合物来进行空间造型。在这组作品中，奥地利的公司 Incremental 3D 利用混凝土混合物在挤出并在尚未凝固的状态下，上下层之间的错位和挤出的方式创造出一种类似于软性织物利用盘绕的方法表现的效果（图9）。与前述安藤忠雄在清水混凝土中力图达到的触觉上的光滑、精致产生强烈的反差。

在材质语义课程中，我们特别强调于对材质的创新。对材料创新中的"新"的理解，在当下的设计语境下，也不是简单地去创造一种"新"的材料，"新"包含三层含义：一、常规领域应用的材料创新跨界到了另一个领域；二、新的加工方式和技术的使用；三、创造一种全新的材料。

图8

图9

## 语义：

　　语义，字面上理解就是语言的意义 (Semantic)，通常在文学领域被关注和使用。而艺术设计中使用的语义，更多的是通过各类图形语言所表达的一种意义的代指，其实是属于符号学所讨论的范畴。在视觉传播的语境中，材质的语义也就是材料通过质感作为符号的传达和表义，同时强调一种对象客体对某种符号的生成和解读。语义是通过作品去激发某种心理感受而形成的象征性美学意涵，并把这种语义转嫁到设计作品中，形成材质所携带的特殊的构成语法。

## 思考题与作业：

　　围绕材料与质感之间的关系这一话题，课后展开小组调研与搜集，并进行一场课堂讨论。

　　每小组以当下某一典型类型材料为例，尽可能多地搜集这类材料在质感上的多层次、多面貌的表现方式。可以从关联度和差异度之间的程度入手，就人们对此材料的日常记忆的关联度或差距度之间的程度展开分析，并以此为契机去挖掘每一种材质表达背后具体使用了怎样的制作方法和工艺，在设计艺术作品中想要表现什么语义。

## 第二节　"材质语义"作为"形态语言"课程群的组成部分

　　"材质语义"课程是"形态语言"课程群的一部分，整体的"形态语言"课程群包括——"形态语言一／形色语意""形态语言二／材质语义""形态语言三／空间语境"三部分。而"形态语言二／材质语义"处于其中的第二阶段。

　　"形态语言一／形色语意"主要训练学生对图形的发现和创造的能力，解决在二维平面基础上图形和色彩的语意表达。

　　"形态语言二／材质语义"（以下简称"材质语义"）使学生从二维平面表达前进一步，携带着材料本身的质感美和符号特征，在设计作品中应用。在教学的过程中，笔者一直强调纸面上的图形、色彩、图像等视觉元素的表达，对于环境叙事设计来说仅仅占了其设计过程中的百分之三十，剩下的则要通过材料、施工、搭建等深入的步骤去完成。

　　而不论什么视觉语言都要在空间当中进行搭建，因此研究人和物质空间关系的课程——"形态语言三／空间语境"则把整个课程群做了一个空间总结，去训练和研究空间与空间中的行为者所发生的关系，行为的发生产生时间的概念。在时间中，空间开始转换，甚至消失，理解将要或已经在空间中发生的情节事件等，最终达到对环境的认知、环境精神体验的阶段（图10）。

图10 "形态语言"课程群的理论模型

## 第三节  "材质语义"课程的内容结构

设计的过程是一个不断从解型到转型的过程,从概念到图,从图到造物,最终目的是达成一种"物"的构成,而这个"物"其实就是通过材料媒介去表现的。设计师的设计思维也时刻处于转型过程中,因为设计师的设计思考不可避免地处于现实和抽象、人工和自然、现在和未来不同角度的转换中。设计的最终结果是实物,它需要通过材质媒介建构出来,因此,对材质的研究和认知是极为重要的。

"形态语言"课程在环境叙事语境下,以空间饰面材质、空间建构材质、空间装饰材质三大类为研究范围,主要研究材质美学、新材料、新技术、材料属性、材料形态、材料与色彩、材料与感官等内容,同时研究同材异感、同感异材、同材异形、同形异材、同材异构、同构异材等之间的关系。

课程按照三段结构实践顺序推进:

### 1. 材料语义的认知【成果形式(个人):认知报告】

材料的日常性,决定了对材料语义的认知是一种从生活经验和经历所开启,且从技艺而来的认知。教师带领学生去各个展示场所和材料市场进行材料的调研和学习。

### 2. 材料语义的探析【成果形式(个人):实验效果组合模块】

去探索单一材料、材料与材料、材料与其他媒介转化与结合的可能性。尝试利用多个单一模块(小尺寸)实验材料的视觉表现。总结实验结果,展开下一轮重构。

### 3. 材料语义的重构及应用【成果形式(组1—2人):实验效果组合模块】

在环境叙事语境下,以饰面材料研究为主要对象的材料语义的重构。通过重构,建构材料在以视觉为主体的材料语义的象征性表达。

图11、图12  带领学生参观中国美术学院象山校区11号楼各个工种实验室,请实验室老师介绍实验室的各种工具和机器,现场照片

图13、图14  材质语义教学展览布展现场照片

图11

#### 4.材质语义的应用【成果形式（组1—2人）：根据每组材质应用特征，以模型、实物、效果图等多种方式自主表达】

在环境叙事语境下，通过对材质的实验研究和重构，使其能够被设计应用到叙事空间当中，（理想的课程成果是材料设计实物的实际应用，由于课程4—5周时间的制约）这部分课程成果大多数通过材料小样、小尺度、大尺度、真实尺度等实物模型的设计、效果图等形式，对材料进行设计应用的表达。

### 学生案例

下面以赵子墨同学的《荧惑——光纤的斑斓踪迹》学习案例展开分析和演示。

### 《荧惑——光纤的斑斓踪迹》

学生：赵子墨

透光材料：光纤、玻璃、滴胶块、塑料瓶（塑料片）

所需载体：水泥、石膏、木屑块、石蜡、麻绳

染色材料：色粉、颜料、银镜粉、铜粉

肌理材料：玻璃材质

| 透光材料 | 操作难度 | 耗时 | 成本 | 耐高温 | 制作时肌理变化 | 混合载体难度 |
|---|---|---|---|---|---|---|
| 光纤 | 低 | 无 | 低 | 不耐 | 高 | 低 |
| 玻璃 | 中 | 无 | 低 | 不耐 | 中 | 中 |
| 滴胶块 | 中 | 长 | 高 | 不耐 | 高 | 高 |
| 塑料片 | 低 | 短 | 低 | 不耐 | 低 | 高 |

本次实验课运用光纤材料进行实验拓展，所运用的综合材料包括石膏、水泥、滴胶、麻绳、玻璃彩纸等，并且将其作为载体与光纤相结合，在实验过程中把控各项试验数据并且实时记录。光纤不只是用于光的传输，更是一种新型的导光性肌理材料，赋予载体秩序上的美感，并且通过与原有肌理的碰撞带来了全新的视觉体验。

图12 图13 图14

## 1. 材质语义认知（图15）

光纤质地导光性能试验记录：

截面圆形　0.25mm 直径，光纤透光性强，带有折痕的地方经打光也能导光；

截面圆形　0.3mm 直径，光纤与 0.25 mm 光纤无异；

截面圆形　0.75mm 直径，光纤韧性强，硬度较前者更大，折痕处发光不明显；

截面圆形　10mm 直径，光纤有弹性（微小），比前几种光纤更柔软，但在折痕处导光不明显；

截面圆形　15mm直径，光纤有弹性（微小），硬度比10mm光纤稍大，折痕处导光不明显；

截面圆形　20mm 直径，光纤有弹性（微小），质地柔软，类似胶条，无法出现折痕；

截面圆形　30mm 直径，光纤有弹性（微小），质地柔软，无法出现折痕；

截面圆形　500mm 直径，光纤质地硬，弯折困难，只能短距离导光；

截面方形　边长 1.3mm 至 20mm 光纤质地较软，只能前端导光；

截面方形　边长 2.5mm 至 10 mm 光纤质地较硬，韧性大，后方无法导光。

## 2. 材料语义探析（图16）

对光纤变形处理后导光性能试验记录：

截面圆形　0.25mm 至 0.75mm 直径光纤可通过折痕或卷曲透光；

截面圆形　10mm 至 30mm 直径光纤只能通过截断、打孔、穿透等变形后进行导光；

截面圆形　50mm 直径光纤只能用于短距离导光（截短段）；

截面方形　边长1.3mm 至 20mm 光纤与边长 2.5mm 至 10 mm 光纤可通过截断打孔、穿透等变形后进行导光，但被破坏后的后端无法导光（导光性能由破坏变形密度决定）。

光纤操作计划：

截面圆形　0.25mm 至 0.75mm 直径光纤→编织（软性材料），拟与铁丝网、麻绳、彩纸等结合试验；

截面圆形　0.25mm 至 0.75mm 直径光纤→嵌入（硬性材料），拟与水泥、石膏、木屑块等结合试验；

方形光纤→嵌入（硬性材料），块体、多面形体块，拟与水泥、石膏、木屑块等结合试验。

图15　赵子墨课程作业《荧惑——光纤的斑斓踪迹》材料语义认知阶段性成果

图16　赵子墨课程作业《荧惑——光纤的斑斓踪迹》材料语义探析阶段性成果

图16

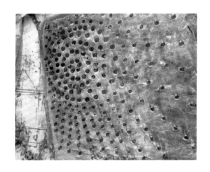

图 15

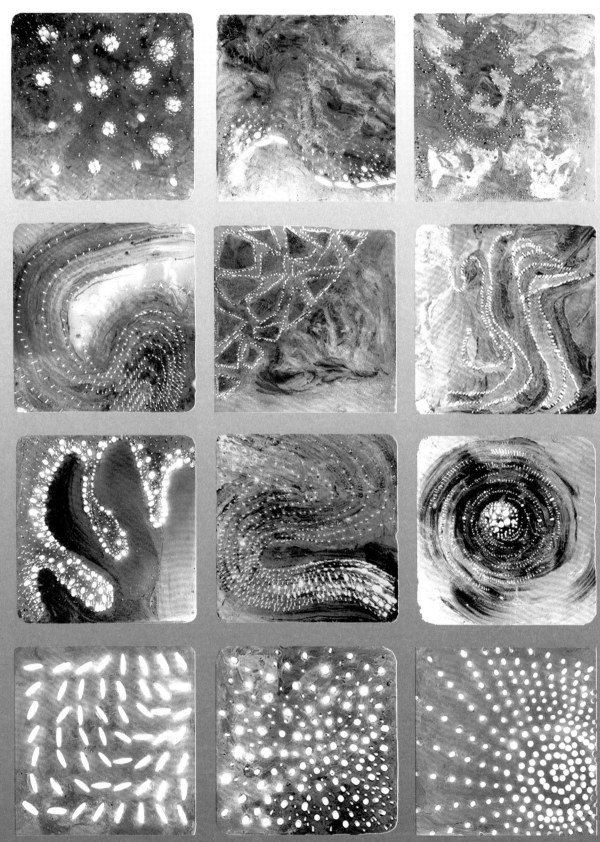

### 3. 材质语义重构（图 17）

光纤不只用于光的传输，更是一种新型的导光性肌理材料，赋予载体秩序上的美感，且通过与原有肌理的碰撞带来全新的视觉体验。在水泥未干前加入色粉，制作彩色肌理静置后，再植入光纤，等水泥完全硬化后，从背后打磨使其透光，搭载光源后，呈现出茵茵丛丛的纹样，改善了使用颜色的单一感。

### 4. 材质语义应用（图 18、图 19）

图 17 赵子墨课程作业《荧惑——光纤的斑斓踪迹》材料语义重构阶段性成果
图 18 赵子墨课程作业《荧惑——光纤的斑斓踪迹》材料语义应用阶段性成果

图 18

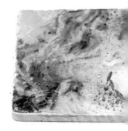

## 荧感
#### ——光纤的斑斓踪迹
Fluorescent temptation
——Colorful traces of fiber optics

### 赵子墨

材料：光纤　水泥　玻璃砂

光纤不只是用于光的传输，更是一种新型的导光性肌理材料，赋予载体表皮上的美感且与原有肌理的碰撞带来了全新的视觉体验。

本次实验课运用光纤材料进行实验拓展，所运用的综合材料包括石膏、水泥、玻璃彩砂等，并且将其作为载体与光纤相结合，在实验过程中把控好各项试验数据并且实时记录。

在水泥未干前加入色粉制作色彩肌理，静置10分钟后再植入光纤，等待水泥完全硬化后从背后打磨使其透光，最后搭载好光源便能在上方呈现出斑斓丛丛的纹样，减轻了颜色使用的单一感。

材料融合

肌理实验

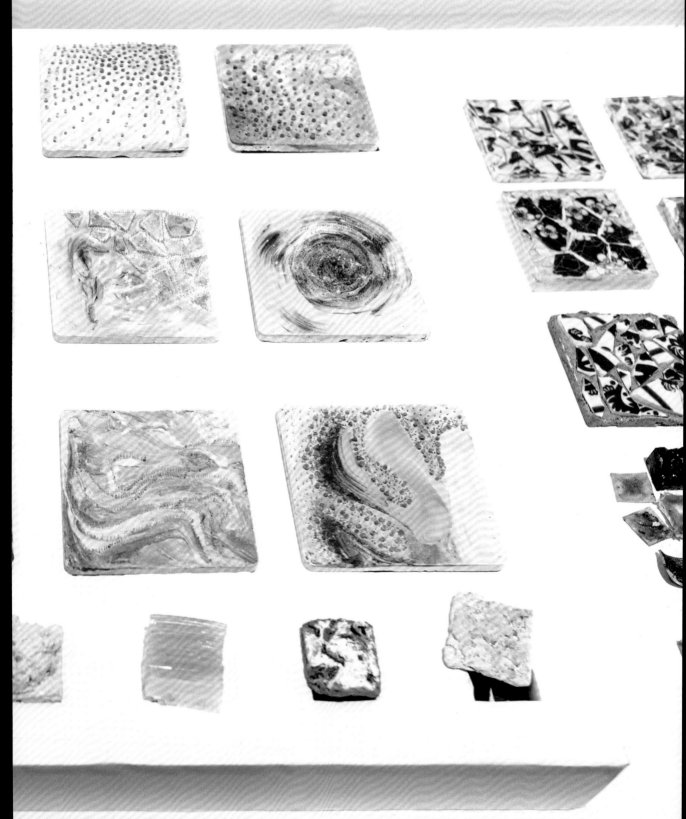

图 19　赵子墨课程作业《荧惑——光纤的斑斓踪迹》材料语义展览现场照片

训练着重于感官的体验、感情价值的丰富和思维的拓展。其重点并不在于个体的差异，而在于共同生理特征的整合以及客观的科技资料。

——《新视觉》【匈】拉兹洛·莫霍利·纳吉

## 第四节　《新视觉》——包豪斯材料设计课程教学典范

包豪斯作为现代性设计的摇篮，一直是设计专业教学学习和借鉴的范例，相关的教学改革理念与实践传播到中国，深刻影响了 20 世纪中国现代设计教育的发展进程（图 20）。

包豪斯基础课程的核心教师拉兹洛·莫霍利·纳吉（Laszlo Moholy Nag，1895—1946）将他 1923 年至 1928 年在包豪斯教授材料基础课程的课程记录和总结撰写在《新视觉》一书中（图 22）。在包豪斯的设计基础课程中，要求学生对材料有一种感官的认知，建立其材料内在的结构、表面质地和可能的人工制作三者之间的关系桥梁。

值得注意的是，《新视觉》仅仅是莫霍利·纳吉 1923 年至 1928 年这 5 年间的材料基础课程的记录和总结，以及 1937 年他移居美国后，在芝加哥创办的"新包豪斯"，也就是芝加哥设计学院材料基础课程的记录和总结。之前，这个课程是由约翰·伊顿（Johannes Itten，1888 —1967）执教的。

为什么会选择莫霍利·纳吉代替伊顿之后执掌包豪斯材料基础课程作为典范来研究？是因为伊顿教学中对拜火教的神秘崇拜、冥想的内容不具备普世化、公共性教学的借鉴意义。

据说，是瓦尔特·格罗皮乌斯（Walter Gropius，1883—1969）观看了莫霍利·纳吉《镍铁构成》（图21）的作品后决定的，人们从这件作品中看到了俄罗斯建构主义大师弗拉基米尔·塔特林（Vladimir Tatlin，1885—1953）的

---

知识链接：关于《新视觉》

包豪斯这一理念原型是现代主义历史上不可回避的经典，由格罗皮乌斯和莫霍利·纳吉联合推动的"包豪斯丛书"，计划出版的书目总量多达 50 册，是包豪斯大师们讲述自己的教学理念和实践的重要理论文献。最终由于各种原因，只出版了 14 册，是包豪斯德绍时期发展的主要里程碑之一，是一系列富于冒险性和实验性的出版行动的结晶。

1929 年，莫霍利·纳吉出版了德文版《从材料到建筑》（Von Material zu Architektur），是"包豪斯丛书"的第 14 册，也是最后一册。该书英文版总共再版 4 次，分别经过不同的调整。中文版有两个版本：2014 年，由刘小路翻译的《新视觉——包豪斯设计、绘画、雕塑与建筑基础》及 2020 年由刘忆翻译的《新视觉：从材料到建筑》。不论是德文版、英文版，还是中文版，在每一次的翻译、出版、再版时，书名都有所调整，故在本教材中统一称为《新视觉》。

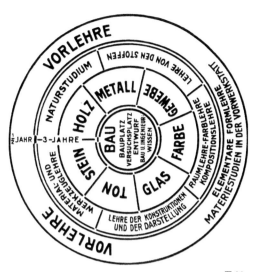

图 20

图 21

图 20　格罗皮乌斯《魏玛国立包豪斯理念与结构》
中的图式，1923

图 21　莫霍利·纳吉《镍铁构成》，1921

图 22　由格罗皮乌斯和莫霍利·纳吉联合推动的
"包豪斯丛书"，共 14 册

图 22

基础工作坊对于学生真正的发展大有裨益。在这里，技术没有受到常规的阻碍而得以发展，学生用工具和机器以及各种不同的材料，如木头、金属、橡胶、玻璃、织物、纸张、塑料等进行实验。……通过对不同材料的运用，学生能够逐步发现它们最典型的可能性，并且获得对材料的结构、质地及表面处理等外在表象的全面认识。同时开始关注体积和空间。……这样在决定其职业的专业化之前，就有充足的机会去发现自己的偏好和意图。除了基础工作房外，还为学生提供了更多的表现媒介。

——《新视觉》【匈】拉兹洛·莫霍利·纳吉

《第三世界纪念碑》的影子。之前他一直在寻找一名能深入新技术和新材料形式法则的实验者来执教，希望课程能通过艺术与（手）工艺的统合训练，习得在创作中驾驭各种材料和技术的意识与能力。

课程使用构造、纹理、表面形态或表面处理、聚合（批量化安排）四组术语切入材料研究。构造术语关注材料不同尺度状态下的呈现，借助切片研究材料内部构造，借助显微镜、航拍等方式，使学生关注到一些非常态尺度下的视觉呈现。在某些状态下，术语之间可以互换。他特别关注摄影技术对材料构造、肌理、纹理、表面形态的表现。

"聚合"常常可与"表面处理"互换，事实上也并不反对为了简化的目的将聚合（批量化安排）等同于"表面处理"。

——《新视觉》【匈】拉兹洛·莫霍利·纳吉

莫霍利·纳吉的材料教学首先设置感知训练，特别强调对触觉练习的训练，引导学生创作关于不同材质触觉差值的触觉表（实物，形式不限），通过强制性地屏蔽视觉，强化和放大触觉感官的作用（图 23、图 24）。

图 23　沃尔特·卡明斯基（Walter Kaminski）（包豪斯，第二学期，1927 年）旋转式触觉表，两个同心圆环上的触觉差值从柔软到坚硬，从光滑到粗糙

图 24　古斯塔夫·哈森普鲁格（Gustav Hassenpflug）（包豪斯，第二学期，1927 年）振动与压力桥，螺旋弹簧结构上带有不同的材料条，下方是阐释图

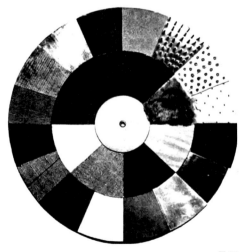

图 23

图 24

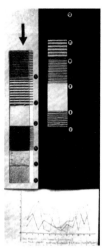

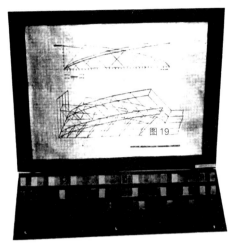

图 25　　　　　　　　图 26　　　　　　　　　　　　　　　　图 27

图 28

图 25　格尔达·马克思 (Gerda Marx)（包豪斯，第二学期，1928 年）纸的触觉表，标有不同的触觉值，适用于压力和振动感（光滑的、粗糙的、坚硬的、柔软的、瓦楞状的、压花的），下方是阐释图

图 26　水谷（Mizutani）（包豪斯，第二学期，1927 年）弹性结构：用两根弯曲的木条来支撑拉伸的橡胶，适用于压力值（通过橡胶发出的有节奏的声音）

图 27　托马斯·弗莱克 (Tomas Flake)（包豪斯，第二学期，1928 年）四行砂纸组成的触觉表及对应的图解

图 28　弗朗西斯·费尔韦瑟（Francis Fairweather）（新包豪斯，第二学期，1938 年）以金属弹簧作为支撑来保持平衡的触觉表，使用时会呈现摇摆运动

图 29　鲁道夫·马尔维兹（Rudolf Marwitz）（包豪斯，第二学期，1928 年）具有触觉对比作用的转轮式触觉鼓，材料排成一列

（以上图均收集并转载自《新视觉》）

图 29

　　同一个物品的表面肌理可以通过不同方式产生。比如一个金属碗可以产生图案肌
理（捶打），可以非常光滑（轧制并抛光），可以产生各种光线效果（镜面、反射、
折射），还可以采取其他各种各样的处理方式使其产生不同的肌理。

——《新视觉》【匈】拉兹洛·莫霍利·纳吉

　　莫霍利·纳吉引导学生对纹理和肌理的含义进行区分。纹理指的是天然肌理，
即内在结构天然形成的表面形态，比如生物的皮肤表层；肌理是指加工过程中在
感官上呈现出的方法和形式，每一次对材料表面的处理，击打、锉、摩擦等都会
在材料本身反映出来。在针对教学中的肌理训练中，莫霍利·纳吉设计了很多教
学环节和对学生材料试验的限制条件，一步步地引导学生对肌理的处理能力和对
材料的理解（图 25—图 30）。

　　自由选择工具和任意手段对材料进行的肌理处理；

　　使用单一的方式对材料进行的肌理处理；

　　在不同材质上使用颜色对材料进行的肌理处理；

　　使用多种工具对材料进行的肌理处理；

　　使用颜料和笔刷对材料进行的肌理处理；

　　通过视错觉等抽象化方式对肌理特征的视觉化处理；

　　制作实物对材料肌理的精确表达；

　　通过对包豪斯设置的不同工坊的材料的选择，

　　对某一个材料进行的肌理处理；

　　……

　　同时莫霍利·纳吉就设计的社会责任感、设计师创作的自由、装饰的功能与
使用之间的转换、平面构成与构图抛出了自己的观点。除了针对材料基础教学和
实践研究，莫霍利·纳吉还着迷于立体主义中的材料表现，特别是毕加索（Pablo
Picasso，1881—1973）立体派作品中的材料分析。他着迷于光与肌理之间的
交互关系，强调"肌理从来不是由光线本身产生，而仅仅来自光线对画面元素的
转化。"他做了多次用光作画、用投影作用于材料的实验。拉兹洛·莫霍利·纳
吉的《光空间调制器》（图 31）。从 1921 年开始，莫霍里·纳吉就开始实验
通过动感机械马达来表达设计。在这件《光空间调节器》的作品中，他使用电动
马达把反光金属、透明塑料、构造作品，使其运动起来。通过光影投射到墙面空
间上，产生动态的光影交错的视觉效果。这样的光影创作手法延展了材料媒介设
计与创作的更多可能性，连接了材料与交互之间的关系。

图 30

　　人类通过深入研究，正确地感受和了解了材料（媒介）＋工具（机器）＋功能三者的使用规律后，即使缺乏来自自然的教育，也能创造出正确的结构形式。这种形式和具有类似功能的天然形式是一样的。

——《新视觉》【匈】拉兹洛·莫霍利·纳吉

　　包豪斯的材料基础课向来是中国设计领域各大艺术院校师生研究和学习的经典课程，特别是三大构成课程几乎已经成了当代设计基础教学的实践基础。很多专业院校学科的设计基础教学都是以此为基础，根据各自的专业、研究领域和学术土壤的差异展开的教学拓展。

　　相对于伊顿的个人主义、神秘主题的基础课程，莫霍利·纳吉的基础材料教学源自他对材料本质性的思考。其中强调触觉系统训练的教学方法，则把设计训练从以视觉为主的训练中抽取出来；借助相机的中介转换，提供和设计了通过材料的尺度变化，训练学生体验材料肌理在宏观、中观、微观尺度下惊异的视觉体验差的教学方法；光与机械干预作用于材料的实验性教学方法，都具有开创性意义，在当下的设计教学中，同样具有很重要的参考作用。研究和梳理包豪斯以莫霍利·纳吉执掌基础材料教学时的课程内容，也许会给"材料语义"教学提供实践思路和理论依据。

图 30　奥蒂莉·伯杰（Otti Berger）（包豪斯，第二学期，1928 年）线的触感板

图 31　拉兹洛·莫霍利·纳吉，《光空间调制器》，1930 年

图 31

## 第五节　材料应用的发展阶段

　　马丁·海德格尔 (Martin Heidegger，1889—1976 ) 在《林中路》中对物品和作品的属性做了三个阶段差异的总结。它们分别为"物之存在""把具有物之存在方式的存在者与具有作品之存在方式的存在者划分开""人把自己在陈述中把握物的方式转嫁到物自身的结构上去"。由于人类对材料驾驭和对材料理解的不断深入，材料的发展历程也可以借鉴以上三个阶段的属性为依据展开论述。

### 一、材料自身的使用性功能

　　*物之存在（即物性，die Dingheit）。*
　　　　　　　　　　　　　*——［德］马丁·海德格尔*

　　"道生一，一生二，二生三，三生万物"，这是老子对于天地万物起源的论述，138 亿年前的宇宙大爆炸（图 32）产生了物质和能量，可以说物质先于一切物种产生，在人类诞生之前，便存在物质世界，人作为生物体也是一种物质存在。从人类作为生命体存在的时刻，人类就被物质所包围着，人类的所有物质活动都围绕着使用材料、创造材料和改造材料的循环往复。

　　那时，人们驾驭材料的能力不足，通过经验，利用材料自身特性为使用功能，从日常性出发，使用材料。可以说人们选择使用某种材料，都是与其生命活动所带来的某种认知联系起来的。

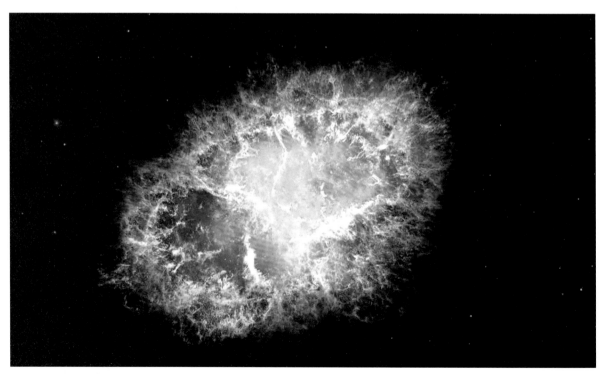

图 32　138 亿年前的宇宙大爆炸

## 二、材料作为工艺性的物质属性

*把具有物之存在方式的存在者与具有作品之存在方式的存在者划分开。*

*—— [德] 马丁·海德格尔*

　　据《韩非子·五蠹》记载:"上古之世,人民少而禽兽众,人民不胜禽兽虫蛇。有圣人作,构木为巢以避群害,而民悦之,使王天下,号之曰有巢氏。"由于人类的生活方式从游牧式转向定居式,人们开始使用周边的材料和简单的工序来建造遮蔽处。有巢氏带领先民使用木材来搭建巢穴,来抵御禽兽虫蛇的侵扰,此时人们逐渐开始利用并设计材料,人们通常会对特定材料有一种标准化、共识化属性的认知,也就是材料本身所携带的经验性,人们普遍观念中材料的"本性",同时结合着具体目的去改造材料,材质作为工艺性的物质属性在人类生活中被使用。

　　人们有了使用的需求,才会去寻找身边的物,也就是材料,去进行设计造物。每一种材料有每一种材料自身的语言。正如尤哈尼·帕拉斯玛 (Juhani Pallasmaa,1936 —　  ) 所描述的。

　　*材料和表面都有自己的语言。石头讲述了它遥远的地质起源,它的持久性和永恒的内在象征;砖使人想到土、火、重力和永恒的建筑传统;青铜让人联想到制造它的极端高温,古老的铸造工艺,以及从铜绿中衡量的时间流逝。木谈到了它的两种存在和时间尺度,它的第一个生命是一棵正在生长的树,第二个生命是由木匠或橱柜匠的关怀之手制成的人类人工制品。*

　　*—— [芬兰] 尤哈尼·帕拉斯玛*

　　于是,戈特弗里德·森佩尔 (Gottfried Semper,1803 — 1879) 在《建筑四要素》一书中,总结了在传统的建造观念中,人类顺应着材质所携带的"本性",也就是材质自身的语言来进行建造活动。森佩尔以火炉、屋顶、围栏和墩子作为

---

知识链接: 海德格尔的《林中路》

　　《林中路》为20世纪德国著名思想家马丁·海德格尔最重要的著作之一,已被视为现代西方思想的一部经典作品,是进入海德格尔思想的必读之作。本书汇集了作者20世纪三四十年代创作的6篇重要文章,几乎包含海德格尔后期思想的所有方面。其中最引人注目的是海德格尔围绕"存在之真理"问题对艺术和诗的本质的沉思,以及海德格尔独特的"存在历史"观,也即对西方形而上学以及西方文明史的总体观点。

　　海德格尔的存在主义美学在西方美学史上具有重要的地位,其重要性在于揭示了现代美学思想的存在,并以之为根基,建立现代美学思想,对艺术和美学思想的发展起到极大的推进作用。现代美学不再基于传统美学的"我感觉对象",而是基于"人生于世界",不再是主客体的二元分离和综合,而是人与世界本源的合一,不再是我设立对象,而是我体验和经历存在。

---

最原始的空间要素雏形，依据空间要素具体功能作用，原始人类创造和积累了不同材料的工艺技能，来建构空间。为了制造火炉而产生了制陶业以及后续的金属冶炼；屋顶及其附属物相关的建造材料则与木工技术有关；为了制造墩子产生了砖石砌筑结构和供水系统；而与围栏相关的原始技艺和材料以编织挂毯的覆盖物为主。利用某种或某类材料的自身物质属性，为特定的空间建造之用。

表1

| 四要素 | 火炉 | 屋顶 | 围栏 | 墩子（高台） |
|--------|------|------|------|--------------|
| 材料 | 陶土 | 木材 | 纤维 | 石材 |
| 工艺 | 制陶工艺 | 木工工艺 | 编织工艺 | 砌筑工艺 |
| 基本元素 | 卫生 | 屋顶 | 围合 | 构造 |
| 动机 | 聚集 | 遮蔽 | 围合 | 抬升 |

人们顺应着材料自身的语言进行设计，材料经历并延续着作为工艺性的物质属性阶段，即运用工艺、技术创造手工艺制品的阶段。这时，材料自身的美学语义却被遮蔽在功能性和装饰性的工艺表现之下。

## 三、材料在设计应用中的象征性语义表达

*人把自己在陈述中把握物的方式转嫁到物自身的结构上去。*

*——［德］马丁·海德格尔*

在当下的设计环境中，我们看到很多艺术设计作品中，通过材料的创新，使材料在各个艺术设计领域焕发出新的面貌和魅力。因此"材质语义"课程从材料出发来对待设计。

人们对材料的认识产生了一个悖论：我们生活在一个物质世界中，无时无刻不被材料所包围着，我们进行任何生产和生活活动，都会和各种材料有所接触。然而，正是因为它的日常性，使我们忽略了材料也可以成为一个设计手段并在设计中发挥重要作用。

本教材所探讨的"材质语义"，是在环境叙事语境下的"材质语义"（第三章将有全面讲解），也就是在空间环境中展开的设计叙事，如表2所示，影响空间环境的有大小、形状、组合、表面、边界、开放度等围合特征，还有比例、尺度、形式、性能、色彩、材质、图案、围合、光、视野等空间属性，所有的这些元素共同作用于空间环境中的设计叙事。在从事设计活动时，我们通常倾向并重视运用图案、色彩、文字等设计要素，而会忽视材质同样可以在设计中作为一种表达工具。

把材料从它们通常的功能性语境中分离出来，根据设计师自身的视野，向现实世界发问，去发现素材中那些未形成标准化、共识化认识的属性。从现实世界中发现"新"材料，赋予它们新的象征性语义表达。

设计师应该具有一种把材料从它们通常的处境中抽离出来的使命，用新的、非传统的手法重新表现，使人们摒弃对特定材料的固有刻板印象，努力挖掘材料

的"潜质"和"面貌",在视觉层面上,以尽可能多的姿态展现出来。

表 2  空间属性由下列空间围合的特性所决定:

| 围合特性 | 空间属性 |
|---|---|
| 大小（dimensions）<br>形状 (shape)<br>组合 (configuration)<br>表面 (surface)<br>边界 (edges)<br>开放度 (opening) | 比例（proportion）<br>尺度 (scale)<br>形式 (form)<br>性能 (definition)<br>色彩 (color)<br>材质 (texture)<br>图案 (pattern)<br>围合 (enclosure)<br>光 (light)<br>视野 (view) |

教学目的与要求:

本章涵盖了两个版块内容,一个版块是梳理"材质语义"的本质含义与研究意义,另一版块是梳理"材质语义"课程的实践与研究意义。在论述时,并没有将二者割裂开来,而是互为贯穿,使学生了解"材质语义"课程的基本样貌和学习步骤。

通过本章节的学习,学生可以了解材料这种日常的、原发性的设计元素和图形、色彩、形态、构造等设计元素一样,在设计中发挥自己的设计面貌。正因为材料本身的日常性,它通常被人们视为是一种设计物品的构成元素,被遮蔽于设计物品的形象表征之下,然而它也可以作为一种有效的创作语言,发挥自己的设计语义,进行设计叙事。

## 思考题与作业:

1. 材料世界千变万化,寻找某种特定材料,思考它在设计的宏大历史脉络中,所呈现出来的不同的发展阶段。

2. 请思考和总结材料的美感与意义。

3. 请解析并理解设计叙事与材料语义之间的关联。

为什么设置"材质语义"课程

Why the
Material Semantics
Course is Set

# 第二部分

# Part2

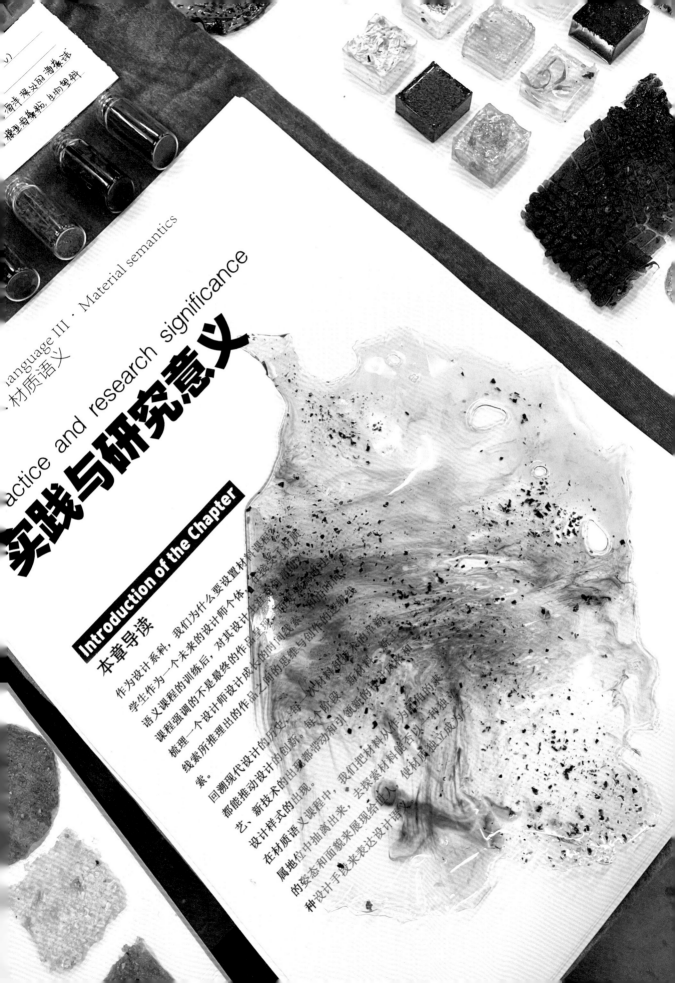

actice  and  research  significance

# 实践与研究意义

## Introduction of the Chapter

### 本章导读

作为设计系科，我们为什么要设置材料课程？
学生作为一个未来的设计师个体，在经过了材质
语义课程的训练后，对其设计思维的生成有何意义？
课程强调的不是最终的作品呈现，而是设计师之间
梳理一个设计师设计成长的时间要素、种因素的
线索所推理出的作品之间的思维与创作的逻辑线
素。

回溯现代设计的历史，每一次材料革新都为新的工
都能推动设计的创新，每个阶段、新材料、新工
艺、新技术的出现带动引领新的设计表现。
设计样式的出现。

在材质语义课程中，我们把材料作为一种独立的美
属地位中抽离出来，去探索材料能否以一种独立成为
的姿态和面貌来展现给设计，使材质独立成为一
种设计手段来表达设计语义。

# 第二章 "材质语义"的实践与研究意义

**本章导读**

■ 作为设计系科,我们为什么要设置材料课程?

■ 学生作为一个未来的设计师个体,在接受了"材质语义"课程的训练后,对其设计生涯有何帮助?

■ 课程强调的不是最终的作品呈现,而是强调梳理一个设计师设计成长的时间线索和由时间线索所推理出的作品之间的思维与创作的逻辑线索。

■ 回溯现代设计的历史,每一次材料和技术的革新都能推动设计的创新。每个阶段,新材料、新工艺、新技术的出现都带动和引领新的设计风格和设计样式的出现。

■ 在"材质语义"课程中,我们把材料从作为配角的隶属地位中抽离出来,去探索材料能否以一种独立的姿态和面貌来展现给世人,使材质独立成为一种设计手段来表达设计语义。

*关于设计方法的知识出现于 20 世纪五六十年代工业化程度最高的国家。在那之前我们仅仅需要了解设计是建筑师、工程师、工业设计师和其他一些人有序地按照顾客和制造商的需求将图纸变为现实产品，知道这一点就足够了。现在，事情发生了变化。*

——[ 英 ] 约翰·克里斯托弗·琼斯
（John Christopher Jones，1927—2022）

材质语义的实践与研究意义包含两个层面的内容：一个层面，作为设计系科，我们为什么要设置材料课程；另一个层面，学生作为一个未来的设计师个体，在接受了"材质语义"课程的训练后，对其设计生涯有何帮助？

## 第一节　材料成为独立的设计媒介

在设计教学中，材料、色彩、图形、灯光等元素组合构成了总体的设计。很多设计专业和学科都开展了材料实验和研究课程。材料实验和研究课程一直作为设计专业的一门基础课，然而我们不能简单地把它看成一门基础课，材质可以作为一个主要的视觉手段，来传达设计思想和理念。

在设计过程中，我们经常会使用空间、色彩、图案、灯光等来进行设计表达，材料经常会处于一种附属的状态，以一种配角似的隐忍而又内敛的状态来烘托其他的视觉元素。但是，在"材质语义"课程中，我们把材料从作为配角的隶属地位抽离出来，去探索材料能否以一种独立的姿态和面貌来展现给世人，使材质独立成为一种设计手段来表达设计语义。

在当下的设计领域，常规上我们还是会以内容去划分设计门类，如视觉传达设计、工业设计、建筑设计、服装设计等。但是，我们也逐渐意识到，设计门类之间，传统的以内容来划分的边界已经日趋模糊，呈现着跨界融合的整体趋势。那么，我们能否转变思维，以材质作为切入口，以具体的设计手法和以设计手段为特定视角展开研究和教学，也许会给学生的学习和工作生涯带来新的视野。

## 第二节　材料创新推动设计进步

回溯现代设计的历史，每一次材料和技术的革新都能推动设计的创新。每个阶段，新材料、新工艺、新技术的出现都带动和引领新的设计风格和设计样式的出现。

### 电镀工艺

19 世纪上半叶，乔治·理查兹·埃尔金顿（George Richards Elkington，1801—1865）创立了艾尔金顿公司（Elkington & Co., Established 1836），1836 至 1837 年发明了水银镀金工艺并相继获得两项专利。这项工艺于 1840 年获得专利，1847 年通过进一步的实验得到了改进。电镀是由电流制造的一个化学反应，将一层很薄的银衣覆盖到基底金属（比如镍）上，以制造出多种多样的金属器皿供家庭使用和展示（今天为了保护汽车金属部件，仍用这一工艺镀铬）（图 2）。

瑞士建筑师雅克·赫尔佐格 (Jacques Herzog, 1950—　) 与皮埃尔·梅德隆 (Pierre de Meuron, 1950—　) 在《建筑的特殊重力 (*The Specific Gravity of Architectures*)》一文中，就 20 世纪六七十年代的建筑整体状况的阐述中称："无色的电镀铝无疑是 1960 年代一种重要的设计元素。正如有色的玻璃面板、威尼斯百叶窗，以及矩形的、没有雕塑感的建筑和室内造型。"

镀是用电解等化学方法将金属附着到别的金属或物体表面，镀金、镀镍、镀锌、镀钛、镀铬等镀的工艺进一步发展。密斯·凡·德·罗 (Ludwig Mies Van der Rohe, 1886—1969) 在设计德国巴塞罗那馆时，利用柱的十字形截面结构和镀铬的表面工艺产生的视错觉，消解和最小化柱子在空间中的视觉存在感。杰夫·昆斯 (Jeff Koons, 1955—　) 创作了一系列以高铬不锈钢创作的公共艺术，高色彩饱和度、高反射度、高折射度的卡通形象，引起艺术界的关注，成为在世艺术家艺术品售价最高的几位艺术家之一（图 3）。

## 铁制梁柱骨架结构

19 世纪中叶，铁材在建筑上有了重大的突破，人们在空间构造上突破了原本砖石材料的墙承重结构（wall bearing construction）支撑理念，转向实验性地使用铸铁或者是熟铁作为梁柱的骨架体系来进行整体结构搭建，也就是框架结构（frame construction、skeleton structure）的支撑。其标志物便是 1851 年的伦敦世界博览会（也称万国工业博览会，以下简称世博会）水晶宫的诞生，原本作为园艺师的约瑟夫·帕克斯顿（Joseph Paxton, 1803 — 1865）使用在植物园温室中的临时预制结构——铁制梁柱骨架搭配玻璃作为结构支撑。由于世博会临时性建筑的特征，水晶宫的铁质梁柱骨架结构可以在工厂进行标准化的制造，可以同时，短时间内在展场进行标准化的预制搭建。在总施工不到 9 个月的时间内，一座面积为 90 万平方英尺，相当于 8 个半标准足球场大的水晶宫搭建而成（图 1）。

---

知识链接：水晶宫

水晶宫（英语 Crystal Palace）与世博会于 1851 年同时诞生。水晶宫是英国伦敦一个以钢铁为骨架、玻璃为主要建材的建筑，是 19 世纪的英国建筑奇观之一。水晶宫最初位于伦敦市中心的海德公园内，是万国工业博览会场地。1854 年被迁到伦敦南部，1936 年在一场大火中付之一炬。英国前首相丘吉尔曾表示它的烧毁是"一个时代的终结"。

水晶宫是一家以讽刺文章著名的《笨拙》(Punch) 杂志因其建筑通体透明宽敞明亮而给予的名称。

---

## 合成高分子聚合材料

合成高分子聚合材料是20世纪初期由对酚醛树脂的研究和发展开始的。20世纪60年代，新的产物层出不穷。在设计领域，英国工业设计师罗宾·戴（Robin Day，1951—2010）在座椅的设计中采用新式柔韧性极好的塑料为材料，与玻璃纤维材料相抗衡，于1963年设计以聚丙烯为材料的座椅（图4），由戴维希尔公司负责生产，其设计理念与查尔斯·埃姆斯及埃罗·沙里宁早期设计中压模成型的椅子具有共同之处。然而其工艺上更为考究，并简化了组装的工序，且采用细金属作为支撑结构。戴维希尔公司设计的产品在国际市场上取得了巨大的成功。同时，基于材料的基础充气结构和索膜结构的研发，运用在空间构造上，比如1970年的日本大阪世博会富士馆的空气梁气孔结构，又如以高分子膜材为基础的各类索膜结构、张拉结构（图5）。

材料工艺的发展和设计之间可谓是相辅相成的合作关系，电镀银工艺、合成高分子聚合材料的发明创造引领着设计风向和设计思维的巨大转向，材料的发明创造为设计师提供了施展拳脚的更大的可能性和空间。

在世博会中材料的创新应用起到了引领世界材料设计应用潮流的作用，同时，通过分析世博会材料的推动因素，从某种层面上，推理出当代材料设计发展的内在动力。世博会中材料的创新应用主要是基于四个因素的推动：一、各个国家地区对本土传统建筑材料的宣传和发扬；二、生态环保、可持续发展的建造理念在建造领域越来越受重视；三、通过材料的建构表达起到相关的情景叙事的表达和场景渲染的作用；四、世博会是一个材料可持续性实验和探索的最佳展示平台。

那么，21世纪材料创新的趋势是什么？其实我们已经看到了这么一个趋势——在人工智能、参数化、AI技术的参与下，材料和设计互相融合的趋势。

## 第三节　材质创新作为设计师的设计符号

学生为什么要接受材料课程的训练？下文列举了几位设计师的设计生涯。这里强调的不是他们最终的作品呈现，而是强调通过梳理一个设计师设计成长的时间线索和由时间线索所推理出的作品之间的思维与创作的逻辑线索，分别体现了材料训练对设计师成长的影响：一是设计师可以通过研究某类（特定种类）材质，作为其设计生涯或设计生涯某个阶段的设计符号；二是设计师在其一生的设计生涯中不断尝试各种不同的实验性材料，创作设计作品。

### 一、设计师可以通过研究某类（特定种类）材质，作为其设计生涯或设计生涯某个阶段的设计符号，即关注某特定类型的材料实验研究

见南花团队自2012年从零开始深入研究手工水泥花砖生产工艺，于2014年正式创立"见南花™"品牌，研发设计并生产销售手工水泥花砖及衍生产品（图6、图7）。

水泥花砖早在18世纪的欧洲就已经发明生产，受19世纪下半叶英国兴起的工艺美术运动的影响，应用于很多的空间装饰领域，是一种装饰性很强的饰面材料，并一度广泛地应用在室内空间的装饰上。在20世纪三四十年代，由南洋华侨带入中国，特别是在闽、浙、沪等地流行，在很多那个时期留下的老建筑中，

图1　园艺师约瑟夫·帕克斯顿设计建造的水晶宫，1851年

图2　路易十五洛可可风格，青铜镀银，涡卷莨苔底座和烛柄，五枝卷叶烛枝，莨苔花蕊烛插

图3　杰夫·昆斯为巴黎和法国人民设计了作为友爱象征的《郁金香花束》（Bouquet of Tulips），2016年

图4　英国工业设计师罗宾·戴设计的聚丙烯椅子

图5　日本大阪世博会富士馆的空气梁气孔结构，1970年

图 1

图 2

图 3

Polypropylene Chair
Designed by Robin Day

图 4

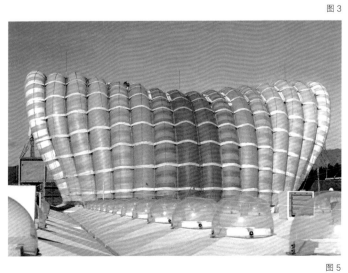

图 5

都能看到这种水泥花砖的身影。

正是由于设计流行风潮带动了水泥花砖的产量需求，在 20 世纪 80 年代，仅厦门一地就新建了 400 多间生产水泥花砖的工厂。但是由于水泥花砖手工技艺的繁复低效，慢慢地被能够工业化生产的瓷砖取代，同时由于受到当时"文革"带来的"封资性"政治因素的影响，水泥花砖在顷刻间没落并退出市场，它的命运戛然而止。

见南花团队主创设计师林宇鸣作为闽籍设计师，他的童年和生长环境的空间都在水泥花砖所营造的空间环境之中。

花砖，对于像我这样从小就生活在厦门的小孩，其实一点都不陌生。翻出儿时的旧照片还能看到自己在花砖地上爬着，甚至现在奶奶家里，仍保留着花砖。但，倘若没有现在这一股对于花砖审美的新风潮，我觉得，花砖，将只会一直在我们的脚下，不被注意到。

——林宇鸣

起先，林宇鸣作为一个室内设计师开启他的设计生涯，谈起他和水泥花砖的再次相遇，他提道：由于室内设计的工作需要使用到水泥花砖，又找不出任何的一个工厂能够生产出他所希望的水泥花砖，于是开启了实验、制作水泥花砖的设计历程。从查找文献，实地考察，建立团队，研究生产，至今十年时间，他一直致力于水泥花砖的研究和创新，使水泥花砖从一种没落的室内饰面材料，衍生到文创等领域。

我们可以相信，在水泥花砖的道路上，这个年轻的团队还能走得很远，这种他们称为"年轻的老工艺"，正在探索着其更多的可能性，和雕塑艺术家合作，把敦煌壁画的工艺融入水泥花砖制作，融入波普艺术的视觉元素……

当人们提起某一个设计师，立刻会把他和某种材料联系起来，或者说设计师被贴上善于使用某种材料的标签，日本设计师坂茂 (Shigeru Ban，1957—    ) 就是其中一位。

从事职业实践十年之后，我意识到建筑师并不是为社会服务的，我们主要是为有钱有权的精英阶层工作。……我不是不愿意设计纪念碑式建筑，只是觉得建筑师应该能做更多，除了精英人士，还应该为更多大众服务，尤其是那些因为自然灾害而失去栖身之所的人。

我要强调的是，使人们遇害的凶手并不是地震本身，而是因地震而损坏倒塌的建筑物。在城市被自然灾害甚至战争摧毁之后，必须被重建，所以我们建筑师在灾难发生后寻找新项目。如此多的受灾民众在忍受临时避难所糟糕的生活条件，我们作为建筑师有责任帮助他们改善生活条件，在城市重建完成之前也能保证居住场所的质量。这就是我开始在灾区工作的原因。

—— ［日］坂茂 (Shigeru Ban)

　　我第一次近距离地欣赏坂茂的设计作品是在疫情之前的 2018 年，在去新西兰旅游的路上，我们的司机兼导游开车经过新西兰名叫克赖斯特彻奇（Christchurch）城市，又叫基督城。在 2011 年 2 月 22 日，这座城市经历了 6.3 级的地震，地震造成了整座城市 1200 多栋建筑的损坏，整个城市变成废墟。导游和我们说，这个城市没什么好看的，大地震把整个城市基本都摧毁了，整个城市都是新造的。但他提到了坂茂的新西兰纸板大教堂（Cardboard Christchurch），我整个人瞬间激动起来。关于坂茂的作品，我在杂志、网络上已经看到很多，他做了很多使用纸筒来进行设计的实验性作品，但是能够真实地走入这个空间中，感受作品的魅力，还是让我很兴奋。

　　2011 年的那场地震把有 100 多年历史的圣公会大教堂给毁了，由于圣公会大教堂的复原重建工作时间很长，纸板大教堂是为了不耽误人们正常礼拜而建立的临时性建筑。教堂整体立面呈三角形，高 24 米，整座建筑用了 96 根直径为 60 厘米、长 16.5 厘米的圆形纸板管作为梁柱结构进行支撑，内部空间分隔也是由纸筒进行曲线的排列组合而成，并经过了有效的防火、防水和加固处理（图 9）。

图 6　纯手工花砖——见南花团队
图 7　见南花团队对水泥花砖的研发完全依靠自学，从零开始，反复研究、试制。看似简单的工艺，需要从几十种配料、近千种选择中找到正确的配方。水泥花砖虽然整体都是水泥，但是花砖的图案是通过注浆形成的。手工制作的过程，使得每一块花砖都有着独特的色彩和纹理。图为花砖图案浆注过程

图 8　弗雷·奥托（Frei Otto1925—2015）与坂茂为德国汉诺威世博会日本馆设计的纸管拱形穹顶（图源：坂茂建筑设计官网）
图 9　坂茂设计的新西兰纸板大教堂，新西兰基督城

坂茂的纸筒设计在灾后重建、战争的避难所和一些落后地区的临时空间搭建的使用上，可以起到很好的节约资源、节约搭建成本和缩短搭建时间的效果。

2022 年的俄乌冲突中，坂茂为乌克兰居民设计的避难所，考虑到难民生活的隐私性，他用纸筒设计了方便搭建的纸筒隔断，为难民的基本人权提供设计保障。坂茂设计了每个单元面积在 2 米 × 2 米或 2.3 米 × 2.3 米之间的居住单元，由遮挡帘遮挡，遮挡帘由别针固定纸管建筑，使用粗细不同的两种纸管相互穿插搭建成框架，再用纺织品作为隔断。在三个人共同协助下，一个单元的搭建大概需要五分钟。目前该结构已在乌克兰西部的利沃夫、波兰和法国的避难所中被使用。

坂茂首次接触纸并用纸来作为搭建的材料，是在思考为阿尔瓦·阿尔托的家具展进行展会搭建的时候。由于当时预算成本很低，展览的展期也仅为 3 个月，他认为，如果使用常规的搭建材料来进行展场的搭建，会有资源的浪费。

正在他踌躇之时，看到了由上一个展览所留下的用来卷布的纸管，于是尝试使用纸管来进行展场的顶棚、墙面、展台的搭建。后来在陆续的很多临时性的展览会和展场中，他都使用了纸管这种可回收利用的材料来进行展场的搭建。

美国设计师、教育家、作家维克多·J·帕帕奈克 (Victor J·Papanek，1923 — 1998 ) 写了一本书，名为《为真实的世界设计》，他高呼设计的社会责任感。设计并不是仅仅为了某一些有特权的人而服务的设计，而是为了"真实的世界"而设计。"真实的世界"涵盖了主流文化和非主流文化，包括由于受到社会的不平等、地缘政治、环境灾难等影响正在遭受着创伤的人们，如第三世界国家、战争难民、灾民等弱势群体，为这些人去做设计。

从一开始把纸张作为展陈装饰之用，到后来的以纸作为结构材料，可以说这是与材料的接触，在一次次的实践中积累的经验而发展来的。当有人对坂茂提出疑问，为什么要用纸来进行设计的时候，坂茂的思考并不仅仅停留在纸作为材料媒介的表层需求，而是深入到了人类需求的深层次——纸的廉价、可再生、可循环的特质，在弱势群体设计中所具有的优势。

## 思考题与作业：

从设计可持续化、非物质文化遗产的保护、发扬和转化设计伦理等宏观的视野去看待设计作品中材料的选择应用，并谈谈你的看法。

## 二、设计师在其一生的设计生涯中不断尝试各种不同的实验性材料，创作设计作品

空间的秩序是围绕内、外部的造型变化而诞生的，对色彩、肌理、材质、造型、结构等多维度的衍生，通过光线传递给行为者，联袂出演空间的鸣奏曲。每位空间建造师对纬度的演绎各有重点。人们把瑞士建筑师雅克·赫尔佐格 (Jacques Herzog，1950— ) 与皮埃尔·梅德隆 (Pierre de Meuron，1950— )，称做"表皮建筑师"，他们在对空间形态进行极致简化的情况下，痴迷于对表面材质、肌理的游戏。扎哈·哈迪德（Zaha Hadid，1950—2016）这位著名的女性建筑师则游弋于解构形态所带来的运动的美丽魔幻中。柏林犹太博物馆设计者丹尼尔·里柏斯金（Daniel Libeskind，1946— ）用建筑发出自己的呐喊，宣泄对逝去的犹太同胞的追思……我们可以看到每个设计师都有自己所擅长的设计手段，那便是他们自己独特的设计语言。

"材质语义"课程的开设，也许会让学生，也就是我们未来的设计师们，寻找到适合自己设计的独特语言，提供一种可能性。

*将材料从寻常的做法中解放出来，让材料自己说话。……将事物按照它们被使用的方式和特点进行定义。*

*——［瑞士］雅克·赫尔佐格和皮埃尔·德梅隆*

雅克·赫尔佐格和皮埃尔·德梅隆二人组（以下简称赫尔佐格和德梅隆），很善于使用材质作为自己"设计语言"。从丝网印、艺术玻璃等我们通常不把这些界定为空间材料的艺术材料，跨界进行运用。

从他们的学习和成长经历中我们可以看到，除了在苏黎世高等工业大学（ETH）学习时，多位著名建筑师对他们的影响之外，在作为艺术家约瑟夫·博伊斯 (Joseph Beuys，1921—1986) 的助手参与了博伊斯一系列作品创作的经历，对他们的设计生涯产生了很大的影响。

*他们与艺术的亲密接触，开启了他们建筑创作的方法，超越了对建筑的表达以及对整体语境的概述。*

*——《赫尔佐格和德梅隆全集》（第 1 卷·1978—1988 年）*

丝网印是赫尔佐格和德梅隆在设计中经常使用的材料应用方式，我们常规对丝网印的认识，认为它是一种艺术绘画范畴的工具和做法，他们在公寓画廊、普法芬霍尔兹体育馆、利可乐库房、埃伯斯沃德技术学院图书馆等案例中都有使用。他们把丝网印的图像运用到立面上，使丝网印图像成为一种媒介，与城市环境对话，使它们成为城市的一部分。

在原本的建筑立面贴上了一层透明材料，用丝网印的方式印上他们的作品。参观者可以从这层材料后面或者透过这层材料看到他们的作品以及作品的玻璃"表皮"和其所反射出的城市印象。

知识链接：约瑟夫·博依斯

约瑟夫·博伊斯是20世纪最重要的德国艺术家、德国激浪派代表人物，经常与安迪·沃霍尔(Andy Warhol，1928—1987)被并列称为当代艺术的两大教父。他的艺术创作是一种综合性的艺术创作活动，他摒弃了传统材料、专业技巧和工具使用，将艺术的媒介扩展到一切对象与行动，强调对听觉、视觉、嗅觉、触觉和意识的综合运用。其代表作品有《油脂椅》（图10）以及《驮包》《奥斯威辛圣骨箱》等，创作材料大多为动物、毛毡、油脂、蜂蜜等，这些废弃的材料看上去都是从遭受创伤的国家废墟里提取的，强调材料在艺术创作中的象征性语义的表达。他的创作理念对"材质语义"课程建设和实践有很大的影响和起到借鉴作用。

同时，他的很多作品呼吁大众参与、强调作品与公众的互动性，他的艺术箴言"人人都是艺术家"和环境叙事设计方向所倡导的社会性设计语境下的信息传递与交流的设计属性非常契合。

---

埃伯斯沃德技术学院图书馆是他们利用丝网印技术比较成熟的案例，建筑主体是从一座19世纪建筑中划分出来的新建筑，在建筑空间体量上呈一个中规中矩的方盒子形态，立面由平行的混凝土带穿插玻璃带组合而成，两种材质均使用丝网印图案（图11）。

这样做的目的是使墙体从常规作为承重支撑或空间限制界限的物理属性的功能解放出来。正如佩尔森戈特弗雷德·桑佩尔（Gottfried Semper，1803—1879）从人类学视角建构材料认知去突破19世纪机构理性主义的材料认知。

多明莱斯葡萄酒厂（图12）位于美国加利福尼亚的纳帕山谷，整个葡萄酒厂由一个长100米、宽25米、高9米的2层石头盒子构成，里面有当地盛产的灰色玄武岩。在建造处理方式上，摒弃了砌筑的建造方式，创造性地使用预制金属网栏作为支撑和石材收纳之用，挑选附近山谷中20厘米至50厘米上下的石块，投入预制金属网栏，形成墙幕，石头之间的孔隙在建筑内部形成斑驳的光影。为了适应葡萄酒厂空间酿酒的使用

图10

图11

图

功能，白天由金属网篮和玄武岩共同构筑的石墙遮挡和屏蔽了炎热的温度。晚上，玄武岩积蓄的热量散发出来又可以给整个葡萄酒厂保温。

图 10 约瑟夫·博伊斯《油脂椅》，1963 年。在博伊斯的艺术创作中，大量使用毛毡、油脂作为材料表达。在一把木头椅子上堆满了油脂，并在其中插上一支温度计。油脂和温度计作为材料隐喻着一种对生命拯救和治疗。这与博伊斯在二战中经历了飞机失事，由克里米亚的鞑靼人用油脂和毛毡挽救了他的生命有关，借由个人的经历扩散到对社会和文化的认知

图 11 埃伯斯沃德技术学院图书馆丝网印墙面，德国埃伯斯沃德，1994 年至 1999 年

图 12 多明莱斯葡萄酒厂金属网栏玄武岩墙面外部、内部，纳帕山谷，美国加利福尼亚，1995 年至 1998 年

图 13 PRADA 青山店，赫尔佐格和德梅隆，日本东京表参道，2003 年

图 14 易北爱乐音乐厅（Elbphilharmonie）建筑外立面，德国汉堡，2003—2017 年

图 15 易北爱乐音乐厅（Elbphilharmonie）室内吸音墙面，被称为"白色皮肤"，对其中音响效果起到决定性作用。由 1 万块石膏纤维板拼接而成，每块纤维板都单独铣削以组成完整的表面结构，使得声音可以扩散至任一角落，实现超凡的声效体验

图 13

图 14

图 15

赫尔佐格和德梅隆是在城市这个大的尺度下去探讨建筑与城市其他结构的关系，把它们比喻成物理中的晶体结构，一个单独的建筑，则是这个晶体结构当中的一个基本粒子。通过原子和分子之间的相互作用，也就是城市构件之间的相互作用来形成。同时他们把传统的古老建筑比喻成一种稳定的晶体，这种稳定的晶体有其特定的形式。比方说，使用一些固定的材料，如石头、金属、陶瓷等。这些固定的结晶体在他们看来，是他们现存的一种固有的物体，需要进行不定期的修理（图13）。

德国汉堡易北爱乐音乐厅（图14、图15）是赫尔佐格和德梅隆花费十年建造的作品，建筑立面上部采用平面玻璃、曲面玻璃和凹凸阳台三者相结合的玻璃幕墙。每块玻璃经过单独冲压、弯曲及印花设计，从内往外看，黑色点状印花形成椭圆形透明的玻璃，屏蔽室外海景炫光，从外往内看，是由玻璃镜面、点状印花椭圆形和凹凸玻璃所形成的艺术饰面。

## 思考题与作业：

在赫尔佐格和德梅隆的作品中，我们看到其风格受到艺术领域的深刻影响。不论是把丝网印应用在设计中，还是受约瑟夫·博伊斯启发，都把材料作为一种象征性语义表达的方式去使用。思考、列举并分析设计与艺术关联性的案例，以课堂演示的方式相互分享。

图16 巴罗特之家，西班牙巴塞罗那隈研吾事务所，2021年。团队改造高迪经典之作巴罗特之家，采用16.4万米长的铝链制作了网状窗帘，从而致敬空间内部的独特光线，每一条铝链均来自西班牙著名家居饰品品牌Kriskadecor，它们由计算机专业软件精准定义长度与宽度

图17 中国美术学院民艺博物馆，采用把土法烧制的瓦片嵌入菱形金属网格中的方式建构的瓦墙，和自然光结合，形成展厅室内斑驳的影像

图18 《隈研吾的材料研究室》中总结了30多年来在不同的设计项目中进行材料实验的树形图

如果说赫尔佐格和德梅隆使用材料的实验是为了通过空间的表皮而凸显出建筑本身，那么在隈研吾（Kuma Kengo, 1954—    ）的思想中，则是希望让材料还原到"物"的语境下，和建筑一起出生、长大甚至一起消融。

图16                                                                    图17

隈研吾在反思 20 世纪建筑时悲叹地总结: "建筑,原本就背负着必须从环境中突显自己的可悲命运。可以说,这是一种被迫从环境中割裂出来的宿命。"针对这一现象,他开始诘问: "这种所谓的宿命难道是不可颠覆的吗?如何才能将这个冒出来的新空间与周围的环境连接起来呢?不能让它融入环境中去吗?不能让它和环境融为一体吗?"

抱着这种希望把建造材料与环境、与自然融为一体的想法,开始他的设计材料尝试。他认为 20 世纪是一个钢筋混凝土的时代,混凝土可以适应 20 世纪人类对空间的急速而大量的需求。混凝土可以遮蔽很多在材料实验中所遇到的问题, "混凝土最大的问题是它鼓励偷懒。如果用混凝土来做建筑,那么怎么组装、如何连接这些问题都不用考虑,只要确定了建筑的外形,接下来只需要按照外形做框架,然后把混凝土灰浆灌进去就可以了。因此刚出校门的学生也能做出混凝土建筑的设计图,只要画个外形标注一下混凝土,看上去就像设计图了"。大量的快速装配化的建造导致混凝土的流行,以至于"在过去的 100 年里,人们完全忽略了思考和探索怎样用物质来建造建筑,建造城市"。

在《隈研吾的材料研究室》中,他总结了 30 多年来在不同的设计项目中进行材料实验的树形图,并对每一个由此带来的考验和困难的解决提出了他的方案。树形图的上方是对材料的分类,分竹、木、纸、土、金属、玻璃、陶瓷砖瓦、树脂、膜、纤维十个大类,树形图的下方则是对这些材料实验的方法和思路的总结,共堆叠、粒子化、包装、编织、支撑五个大类(图 16—图 20)。

从林宇鸣儿时对某种特殊材料的印象转而把这种材料符号变成自己的创作目标,到坂茂从关注设计的社会责任为出发点,转而寻找以纸为代表的廉价、可再生材料的使用,来关怀尽可能多的弱势群体的生存需求;又到赫尔佐格和德梅隆对表皮的迷恋;再到隈研吾对于当代空间创作思路的诘问,由此引发的还原材料的各种创作,回归建造本源的回答。

同学们可以借鉴以上四组设计师的设计成长经历,他们对材料实验的出发点各不相同,想一想在以后的设计生涯中,有没有可能从材料应用的角度出发来展开自己的创作和设计生涯。

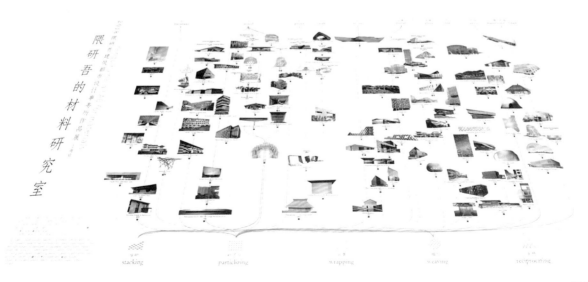

图 18

教学目的与要求:

　　本章梳理和列举了设计领域中材质的创新对设计的推动作用。就个人层面而言,通过设计师设计案例和设计成长路径的列举和介绍,让学生明白,从材质出发进行的设计创造,也可以在设计领域中发挥一席之地。

## 思考题与作业:

1. 从设计史的角度思考材料创新对设计创新的推动作用。

2. 尝试去列举一些你关注和喜欢的设计师,他们有没有从材质语义层面出发去开启设计。

图19　北京前门四合院改造项目,隈研吾事务所,玻璃铝砖,2017年

图20　星巴克太宰府天满宫表参道店,隈研吾事务所,由2000根木条拼装而成,隈研吾希望:"通过将木头斜插拼装,实现一个可以让光线与风自然流动的场所,一个'有机的空间'"

图19

图 20

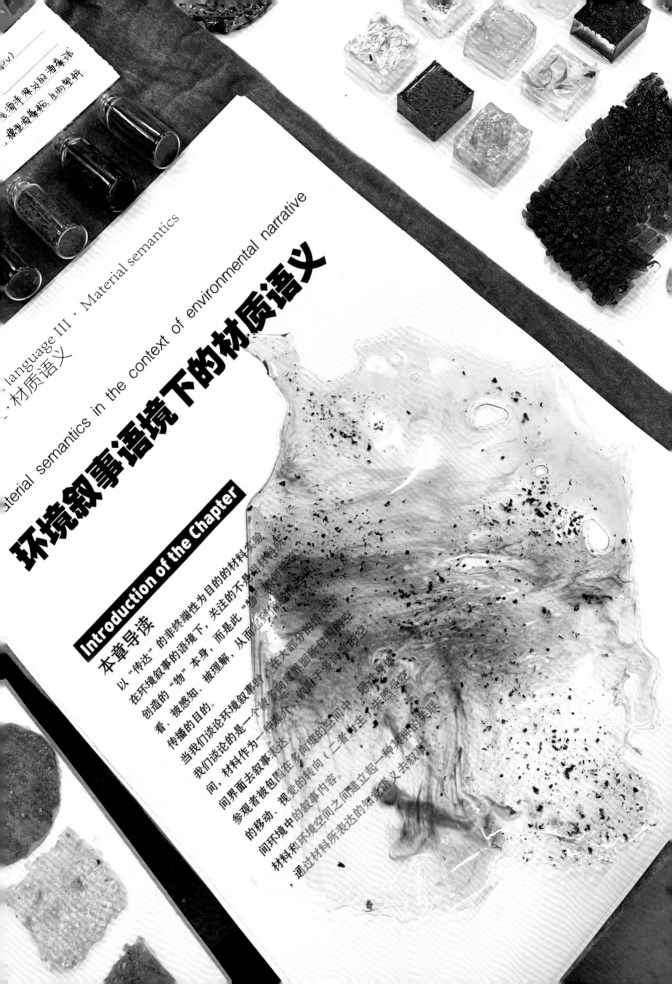

语言III · Material semantics

material semantics in the context of environmental narrative

材质语义

# 环境叙事语境下的材质语义

## Introduction of the Chapter

### 本章导读

以"传达"的非终端性为目的的材料实验，

在环境叙事的语境下，关注的不是把材料视为

创造的"物"本身，而是此"物"被呈现、被

看、被感知、被理解，从而起到信息表达、

传播的目的。

当我们谈论环境叙事时，往往大部分的细节

我们谈论的是一个被多向度界面所包围的空

间，材料作为一种表达，依附于多向度的空

间面去叙事表达在多向度的空间中，那观看体

参观者被包围在多向度（二者间产生感受空

的移动、视觉的转向之间的叙事内容。

间环境中的叙事空间之间建立起一种亲附的关联

，通过材料所表达的知觉语义去叙事。

# 第三章　环境叙事语境下的"材质语义"

**本章导读**

■ 以"传达"的非终端性为目的的材料实验。

■ 在环境叙事的语境下，关注的不是用材料所创造的"物"本身，而是"物"如何被观看、被感知、被理解，从而起到信息传达和传播的目的。

■ 当我们谈论环境叙事时，在大部分的情况下我们谈论的是一个被多向度界面所包围的空间，材料作为一种媒介依附于多向度的空间界面去叙事表达。

■ 参观者被包围在多向度的空间中，通过身体的移动、视觉的转向（二者为主）去感受空间环境中的叙事内容。

■ 材料和环境空间之间建立起一种直接的关联，通过材料所表达的知觉语义去叙事。

　　编写本教材的初衷是笔者希望对多年的"材质语义"课程在教学理念和教学实践上进行一个阶段性的总结。经过中国美术学院全院的院系建设调整，2023年9月之后，会展设计专业并入视觉传播学院以叙事环境作为主要的教学和研究的内容与目标。本教材的编写和出版为今后视觉传播学院，特别是叙事环境与综合设计专业方向的材料教学奠定一些理论和实践基础。

　　但是，在整个的教材写作过程中，并没有局限于此，而以材质实验创作为契机，通博各专业之所长，借鉴了包括材料学、纤维艺术、手工艺术、建筑设计、工业设计、服装设计等不同学科材料实验的优秀案例为引证，来探讨在环境叙事语境下的材料实验教学。

　　事实上，在当代艺术设计领域，传统的以设计主题和内容划分的边界已经越来越模糊，从某种媒介出发去探讨设计，也可以成为一种设计的打开方式。因此，在"材质语义"教学中，我们从材料的实验与研究入手，来进行教学实践，能够提供给学生设计新思路的训练。设计是一个需要不断创新和创造的过程，设计教学从来不是教师经验或历代作品的复制与复刻，而是教师与学生二者共同去探讨、延展来完成作品的过程。

　　同时，从材料的实验与研究入手的课程训练迫使学生直接面对各种材料媒介进行设计与建构，能提高设计学专业学生的动手能力，更能改变学院教学模式下，学生作品脱离现实实践的"象牙塔"式的教学困境。

## 第一节　寻找"会展性"

　　以叙事环境为目标的会展设计不像其他的设计门类，它不是某一类特定设计的范围。比如以制作服装为最终目的的设计统统可以归为服装设计，而工业设计以设计并生产出产品供人使用为最终目的，建筑设计以建造房屋供人居住、办公为最终目的，以此类推。会展设计类似于费孝通笔下的"差序格局"（图1）：

图1　"差序格局"示意图

"以自己为中心像水波纹一样推及开，愈推愈远，愈推愈薄且能放能收，能伸能缩的社会格局，且它随自己所处时空的变化而产生不同的圈子。"

每一个设计门类和艺术门类中，或多或少都涵盖有"会展性"，需要把自己展示出来，这便具备了"会展性"，这种"会展性"有多有少，它们呈现着像涟漪一样激荡开来的状态，和别的设计门类有交集和碰撞，同时以自我的展示目的为中心。

---

学科背景介绍：

2023 年 9 月，中国美术学院设计艺术学院更名为视觉传播学院，其中的设计艺术学院下属综合设计系的会展专业并入视觉传播学院，以环境叙事为研究方向，设立环境叙事研究所。本教材中所提到的"会展性"是基于原有会展专业转变为环境叙事研究方向的学科整合背景下提出的。后续的内容中，在很多情况下，教材对环境叙事语境下的空间研究内容也会集中在会展设计的范围内。

---

## 第二节  以"传达"的非终端性为目的的材料实验

2023 年学科院系调整后，中国美术学院的会展设计专业并入视觉传播学院。中国美术学院副院长韩绪教授在《视觉传达设计中技术与审美的思考》一文中提道："相对于其他设计门类，视觉传达设计是不以造物为自身设计终点的。这种'非终端性'是该设计类别最为独特的，因此设计与审美在视觉传达设计领域的关系也与其他不同。……不以造物为自身的终点，正是由命名中的'传达'二字所描述和限定的。……相比其他设计门类，视觉传达设计以传达、传播为最终目的。传达的仅是观念、信息、意识，虽然这些又都附着在具体的物上。即便是为某一产品而做的视觉推广都与产品本身不同，所以也可以这样理解，视觉传达设计是不具有'作者性'的设计门类。正是这一点，使它与服装设计师、建筑设计师、产品设计师的作者性截然不同。"

叙事环境设计在空间环境当中展开，叙事内容附着于空间环境中多向度界面上进行叙事表达，它的设计目的和视觉传达所做的信息传播一致，强调的是对叙事内容、叙事信息、叙事思想的传达和传播，而不以终端性的制造物品并作用于具体使用为目的，它最终回应的是信息传达的需求。反观其他设计门类，比如建筑设计，建造房子给人提供居所，以居住、办公、休闲目的的使用；服装设计制造服装，用以满足蔽体、保温、美观等功能；产品设计是为了制造产品，以此为工具为人所使用。这些都是以终端性的实用功能为最终目的。

正因为叙事环境设计的"非终端性"特征，使叙事环境设计的造物不以衣食住行的具体功能为目标，也就是它不提供使用者身体动态机能下的各种功能需求的服务。"非终端性"特征决定了在叙事环境设计语境下，在材料造物的过程中可以忽略很多物理环境、人为因素等对材料的限制。信息传播的目的又决定了在环境空间中的任何媒介，包括材料媒介都倾向于承担叙事传播的主要功能属性。

关于材料媒介的叙述传播功能属性，笔者已经在"材料语义"的"语义"单元和"设计应用中的象征性表达阶段"中展开了论述，本章不再赘述。

## 第三节 　 其他专业的材料课程调研

　　克里斯·莱夫特瑞（Chris Leftri）现为伦敦艺术大学材料方向教师，也是一位资深的材料学专家，他在英国伦敦创建的材料库有超过 15 年的材料资源的积累。他至今已经撰写了 8 本关于材料方面的书籍，其中的《设计师的设计材料书》从设计视角，从生物类、石油基类和矿物类三大材料来源，列举了超过 100 种材料的创新研究方向。

　　关于材料，克里斯认为，材料工作中最重要的事情是制作小样。这也是他超过 15 年来积累材质库的工作动因。利用这些小样的积累，各个设计领域的设计师可以去检索材料库中的材料小样，以此为依据使用到自己领域的作品设计中（图 2）。

　　与克里斯材质实验和存储的目的不同，我们要界定我们为什么要进行实验研究，也就是我们去"玩"材料的目的，并不是去建构系统的材料库，通过材料库的小样，提供给各个专业去提取感兴趣的材料。虽然我们也是以制作小样去开启课程，但从叙事环境的专业性出发，还是希望带领学生通过手来制作材料，从而认识和熟悉材料，进而在设计中去应用材料。

　　图形、材料、构造等课程一直是艺术设计类的三大基础类内容。以中国美术学院为例，学院下属的如建筑设计学院、手工艺术学院、创新艺术学院和设计艺术学院，根据自己的专业特色，都有开展与之相关联的材质研究课程。

　　那么，同学们一定有疑问，我们的"材质语义"与别的专业设计门类中开设的材质课程有什么不同呢？

图 2　克里斯·莱夫特瑞策划的《100% 材料》
　　　（100% Materials）展览现场图片
图 3　手工艺术学院陶艺系学生的材料课程成果图

图2

在手工艺术学院陶艺系学生的材质课程的成果图（图3）中我们可以看出，学生对不同烧制温度和其他材料的结合比例等有很详尽的记录，通过记录各种条件状态下釉面的表现效果来找出最合适的基底效果，为之后进一步的陶艺创作做准备。

而在建筑学院的材质课程中，主要研究现代木材料的结构创新，通过不同的操作手段来搭建空间整体结构和局部构建的各种可能性。这组图片（图4）就是设计一套大跨度临时结构系统，来满足场地上对于大面积无柱支撑的空间覆盖物的需求。从课程设计的细节要求：符合人体尺度、承受实际重量、具有一定跨度，我们可以看出建筑学的实际使用功能的限制会对材料实验产生很大的影响。在建筑设计语境下的材质实验的最终目的是：从某种材料的特性出发，遵循特定构造方法，去制造一种更宏大的结构秩序。由此也可以看出，它们的着重点在于材料的结构创新。

而染织和服装设计专业的材料实验（图5），很明显地是为了材料能最终应用于服装饰面而研发。

## 第四节　环境叙事语境下的"材质语义"

那么，环境叙事语境下的"材质语义"的关注点是什么呢？如同上一节提到的"会展性"的差序格局，专业内容边界的模糊和交叉的状态，导致其中某一些部分可能和以上列举的专业有所关联。但是，环境叙事语境下的"材质语义"主要强调和关注的是材料和环境空间之间建立起的某种关联，通过材料所表达的知觉语义去叙事（图6—图8）。

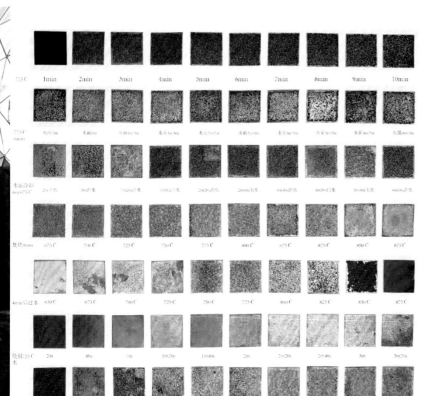

紫铜氧化化学反应式：

$2Cu+O_2 == 2CuO$

$4Cu+O_2 == 2Cu_2O$（氧气不足，或温度1000℃以上）

$2Cu+O_2+H_2O+CO_2 = Cu_2(OH)_2CO_2$

紫铜氧化后的颜色：

1. 紫氧化完全后是黑色的氧化铜
2. 紫铜氧化不完全后是砖红色的氧化亚铜
3. 紫铜长期在潮湿环境中会变成绿色的碱式碳酸铜

预期结论：紫铜高温烧制形成的氧化铜锈纹理在自然条件下分布均匀。烧制温度上升，氧化纹理由细密变为稀疏，到875度全黑。烧制时间越长，氧化纹理越粗越稀疏。出窑后到淬火的时间间隔越长，纹理保留越多。复烧温度越高、时间越长，纹理失去越多

图3

图 5

图 4

图 6

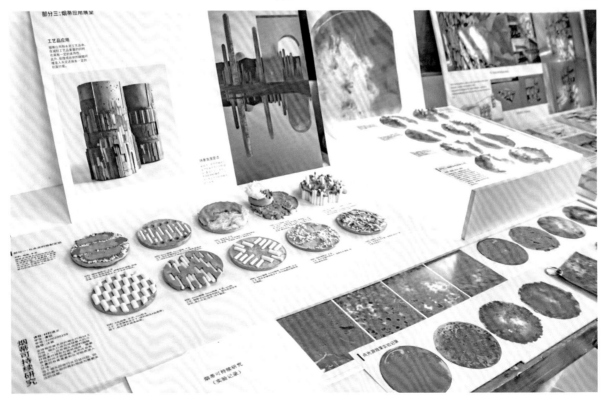

图 7

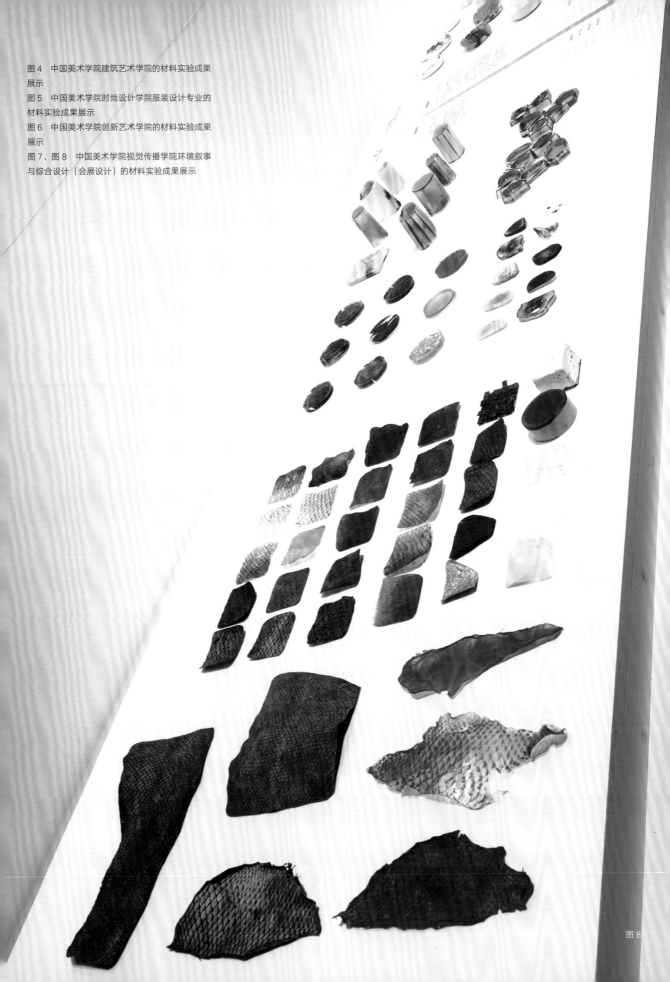

图 4　中国美术学院建筑艺术学院的材料实验成果展示

图 5　中国美术学院时尚设计学院服装设计专业的材料实验成果展示

图 6　中国美术学院创新艺术学院的材料实验成果展示

图 7、图 8　中国美术学院视觉传播学院环境叙事与综合设计（会展设计）的材料实验成果展示

图 8

　　基于关注点不同，"材质语义"的教学目的和内容也会有所差别。如何展开环境叙事语境下的"材质语义"设计？首先我们要对这里的环境给予一个定义和界限。在想到环境这个词时，我们会联想到很多，比如网络环境、信息环境、思想环境等。特别是网络环境，当下有很多线上展览，以网络环境为依托，疫情的发生使得很多的展览在推出线下展览的同时，热情地把关注力投入到展览内容的线上呈现。

　　在本教材中我们不探讨虚拟空间及呈现在虚拟空间上的虚拟材质的应用，因为虚拟空间的表达本质上是借助于虚拟三维软件的操作所实现的，其中关于材质及影响材质的光与环境等相关因素，也是虚拟软件工程师提供的代码运算结果，是计算机通过 N 个变量之间的关系，预先设置好的程序结果，不具备"材质语义"课程所要实现的目标与条件。

　　因此，"材质语义"课程关注的是在这个世界上实实在在呈现的、以"物"为研究范围的"材质语义"，叙事环境也指向的是一个真实的空间物理环境。

## 空间

　　*无限的三维范围，在此范围内，物体存在，事件发生，且均有相对的位置和方向。*

*——《不列颠百科全书》*

　　无限的三维范围，在此范围内，物体存在，事件发生，且均有相对的位置和方向，这是《不列颠百科全书》中对空间的定义。英语中空间译为"space"，源自拉丁文"spatium"，其词根"spei"意为"旺盛、延展、继续"，如同在《不列颠百科全书》中的定义一样，空间强调的是无限延展，虽然后面也提到了"物体存在、事件发生"，但不作为重点。其实强调的是空间中"空"的概念。

　　那么"间"呢？在本专业课程中恰恰关注和研究的是"物体存在、事件发生"之间是如何关联的。德语空间翻译"raum"则比较契合，关注在无限的三维范围内，物体作为具备明确边界、形态、尺度的状态物与空间中的人发生关联，继而发生事件。

　　*凿户牖以为室，当其无，有室之用。故有之以为利，无之以为用。*

*——《老子·道经·第十一章》*

　　"凿户牖以为室，当其无，有室之用"，意思是开凿门窗建造房屋，有了其中"空"的部分，人才能在其中行动和使用，才起到室的作用。前句是例证，不作为重点，但通过例证的事实所做的总结，才是老子说这句话的关键："故有之以为利，无之以为用。"我的理解是"有之"即"有"的部分，也就是"间"的部分，在其之上进行利用。在环境叙事的语境下，就是在此之上的设计和表达，可以影响和作用于在"无之"，也就是"空"的部分的人的使用，为之提供用处。

　　如果老子的话过于抽象晦涩，难以理解，我们还可以再品读法国当代著名的先锋小说家乔治·佩雷克（Georges Perec，1936—1982）关于空间的描述。

　　我们的视野穿越空间，给了我们一份鲜明而遥远的幻觉。这就是我们如何建立空间：结合着更高的或更低的，左和右，前与后，近处和远处。

　　如果没有东西阻挡我们的视线，它实际可以伸向很遥远的地方。但如果它没有碰上任何东西，它便所视无物。它只见到它所碰到的东西，空间，就是那些阻碍视线的事物，那些吸引视线的东西及障碍物：砖块、一个角落、一个尽头。什么是空间——你走到一个转角，停下脚步，必须拐过转角，空间才可以继续延伸。没有任何东西包裹着空间；空间有边际，它并不是简单地存在于任何地方，它做必须完成的工作是铁轨在达到无穷远前会合。

——［法］乔治·佩雷克

　　"我们的视野穿越空间，给了我们一份鲜明而遥远的幻觉"，表明空间是通过感觉和行为去感知的，"结合着更高的或更低的，左和右，前与后，近处和远处"，则表达了空间不仅具有各种维度，而且具有广度和深度。同时，在空间中必须存在某些障碍物，若障碍物"缺席"，空间就无法被视觉和行为感知，这些障碍物通过形态和表面的物质性来表达自身，障碍物的"在场"，才能够规范人在空间中的行为。

### 空间界面

　　之所以要花费这么大的笔墨去探讨空间关系，是因为"材质语义"实验的最终成果是实现在空间中这些障碍物上的，也就是空间界面上的。

　　空间界面在叙事客体接受叙事主体内容之时，起到了规范叙事客体，即参观者观展体验行为的作用，同时材质的视觉感受协同着其他的知觉要素，提供给参观者以相关的叙事内容，和参观者产生一种交流和交互，也就是这种叙事表达如何被有效接受。

　　在之前的课程内容中，我们特别强调了"材质语义"是在真实世界的物理环境中发生的叙事行为，叙事环境设计是在围馆空间基础上进行的二次设计。大部分的叙事环境设计是在某个建筑的室内展开，是在围馆空间基础上的二次设计，当然也有户外展陈，这里说的围馆空间，其实指的就是叙事环境设计之前，提供的空间的第一次限定，而叙事环境设计则是在给定的一次空间限定基础上，对叙事空间进行的二次空间分隔。

### 空间的二次限定

　　在空间的二次限定时，主要参照以下两种思路进行限定：

　　1. 暴露和利用：在原有的一次限定的空间条件下，顺应原空间物理特征，不论对具体叙事环境有利的空间特征，还是不利的，可能引发问题和难点的空间特征，通过空间设计手法加以利用和改造；

　　2. 遮蔽，对原有一次限定下的空间界面进行覆层、遮蔽的做法。

　　顺应以上思路，"材质语义"可以分为两大实验方向：

　　1. 通过某些材质实验创造出新的属性的材质，对原空间界面进行覆层；

　　2. 通过多种物品材质的结构、面层之间的组合，创造出新的视觉演绎效果。

因此，在叙事环境设计中的空间界面，材质表达可以是依附于原始空间界面之上的，也就是在围馆空间一次限定的界面基础上所做的维护表层；也可以在一次限定的基础上，对叙事环境空间进行二次的、自主的空间限定，即通过材质建构来限定空间，也就是维护表层自身的建构。

## 不透质界面、半透质界面、透质界面

在一个物理的真实世界的空间中，所有的界面表达是具有不同的透明度属性的。根据透明度的不同，依次可以分为：

1. 完全不透明的不透质界面；
2. 具有相对透明性的半透质界面；
3. 完全透明的透质界面。

## 不透质界面

假设在空间中的所有界面为不透质界面，那么当它们以垂直板面的形态出现时，通常为各种比例尺寸的墙体形式，不透质界面理所当然地起到阻碍参观客体视线、限定空间和暗示参观路径的目的。

具体来说，在视觉上，不透质界面以各种不同材料表面属性的形式出现，并携带着叙事内容，通过参观客体的视觉感受，输出叙事内容。不透质界面不透质的物质属性则起到了空间限定和暗示参观行为的作用。不透质界面在环境叙事设计案例中普遍存在，在本小节不作具体讨论，但在第五章"材质表现实验的可能

图 9、图 12、图 13　香奈儿"水晶"旗舰店，荷兰阿姆斯特丹，MVRDV 设计事务所，2016 年
图 10、图 11　西班牙巴塞罗那国际博览会中的德国馆，德维希·密斯·凡·德·罗，1929 年

图 9

图 10

图 11

图 12

图 13

性"中,将会整章讨论。

## 半透质界面

半透质界面的透明度直接影响界面空间限定作用的强弱。具有透明度的空间界面,由于其实体材质的物理体量,在参观行为上,阻隔和限定了参观者的参观行为,但无法阻挡参观者视线的穿透,参观者的视线穿透具有透明度的材质而看到在其空间界面之后的多重景象,那么在环境叙事层面上,便存在多重叙事内容叠加的叙事表达效果。

因此半透质界面具有不同透明度,也就是具有透明性的界面。

需要注意的是,半透质界面其实是以两种不同的材质表达方式呈现的:一种是材质属性所呈现出的材料的不同透明度,另一种是通过材料所搭建的实体建构的结构,留下的间隙所呈现的透明度。同时,半透明界面可以是实体界面,也可以是层叠界面。

在叙事环境语境下,很多时候,透明性的目的是引入关注度。在 MVRDV 荷兰建筑公司于 2016 年完成的阿姆斯特丹香奈儿商店的设计中(图 9—图 11),拆除了原有沿街立面的传统不透质的红砖材质,取而代之的是特制的玻璃砖块,由两片厚约 5 厘米至 6 厘米的平板压花玻璃中空高温压制而成,内部接近真空的结构,让它拥有良好的隔音效果,而玻璃纹样的变化则可以用来调节玻璃光学透明度。它就像一个大型的香奈儿橱窗,通过外立面界面的透明度引入内部展陈的叙事图像。

半透明界面既不把人们阻隔在外,也不让人们穿透而入,从而引发了外部对象对内部空间叙事环境的想象、渴望和关注,激发一种窥的观看和体验的欲望。

## 透质界面

透质界面的完全透明是相对而言的。假设相对于没有任何介质阻隔的空间来说,透质界面也不是完全透明的,世界上没有完全透明的界面。

因此,在这个层面上讨论,笔者认为路德维希·密斯·凡·德·罗(Ludwig Mies Van der Rohe,1886—1969)在设计 1929 年西班牙巴塞罗那国际博览会中的德国馆(图 12、图 13)时,至少在设计师的主观意愿层面上,对于外立面空间界面,是想达到一种完全透明的视觉效果。

史永高在《材料呈现——19 和 20 世纪西方建筑中材料的建造—空间双重性研究》一文中,把这种设计手法称为一种"材料隐匿中显现"。隐匿的是由透明材料光学特质所带来的材料本身表面属性的隐匿,而这种隐匿相较于其他的材料表达来说,隐匿的特征又是一种独特的显现方式。

但是,在他的语境中,材料表达更多地倾向于材料以一种图案化、装饰性效果探讨下的隐匿。而在环境叙事的语境当中,我们主要探讨的是材质所携带的叙事性表达方面。那么,这种完全透质所带来的材质隐匿,则导致了视觉上的不可见,是很难介入到叙事性表达的话语之中的。因此,课程的关注点更多地放在不透质界面和半透质界面的叙事性表达上。

## 叙事主体与参观客体之间的互文关系

空间界面存在于空间当中，对于在空间当中的参观者来说，起到了空间的限定、视觉的暗示、信息的传达等功能。在"材质语义"的叙事性传达层面，不仅要关注呈现的叙事内容本身，而且要关注作为信息接收对象的参观者以何种状态和方式接收到叙事内容，同时每个参观者作为参观的个体，对叙事内容的理解和接收有所不同。也就是说，叙事内容是什么和接收对象理解与得到什么叙事内容是两个不同层次的概念。即叙事主体内容是否有效被接收和传递。

任何的叙事方式都有自己的节奏，因此产生了叙事的秩序。常规意义上说，对叙事的理解是对于内容的描述，通过文本影像或者戏剧等手段，论述事件主题和观点。如果说在文本中通过章节的排布，文字的前后顺序，在影像或戏剧中通过时间的维度制约叙事对象的接收行为，那么在环境叙事的过程中，则是在空间的容器中用以视觉为主，并综合别的感官手段的综合体验来叙事。由此，衍生出了时间与空间的互文关系。

在这里，我们提出从"情景"转换到"情境"的概念。在柯林·罗（Colin Rowe，1920 —1999）的"透明性"中，作者论述了物理透明性（literal transparency）和现象透明性（phenomenal transparency）的概念。前者是作为单纯界面的物理性特征，后者是作为空间秩序的透明性隐喻，其实也可以将以上概念引申到"情景叙事"向"情境叙事"的转化过程中。"情景"在词义上指具体场合的情形、景象，其内涵是对某一场景局面的描述，而"情境"的词义则构成和蕴含在情景中的那些互相交织的因素及其相互之间的关系中。"情境"不仅包括场景，而且包含某些隐含的氛围，也就是从注重以物理方式呈现出来的实体——空间、界面、展物、展品的表达，转化到这些叙事表达是否有效传播，被叙事客体所感知。

这里应注意：在对展项关系的排序上，从以前以展品为中心，一切为烘托展品的设计观念中跳脱开了，因为叙事内容的有效表现不能以某个或多个"物"为中心，而是以整体情境为前提的氛围营造，就像小说的叙事不能以单独的字、词甚至章节为主，而是一个整体的"叙事"概念。叙事内容从来不是一种即逝性的、片段性的接受或给予的关系。

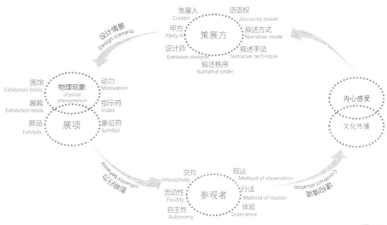

图 14

　　这是一个由空间和时间共同作用的信息交互过程。空间和时间是一对不可分割的组合。在这里关注的不是"他"的"在场"，而是"他们"在时间、空间交融时的体验状态，这于叙事客体来说，是一种进行时态。

　　既然提出了空间的概念，就像柯林·罗所描述的，如何去实现空间中的"现象的透明性"。我们要注意的是叙事受众的"行法"和"观法"。在叙事内容的接收和吸收过程中，主观能动的主体是参观者，是"他"的潜意识中的思想消化过程。通常，这又是一个私密的、无可言状的过程，它处于一个绝对自由中，因为这是思想的过程，人的思想有输入、有输出，去处理信息材料，加工信息材料。

## 信息接收的"绝对自由"和"相对自由"

　　相对于参观客体在信息接收时思维上的"绝对自由"，作为一个设计师，在策划和设计的时候，又起到什么样的作用呢？这里，提出一个"相对自由"的概念，回到情景叙事的物理层面上，也就是通过对情景——"物"的设计、规划、布置来影响参观客体在空间中的行为秩序和体验方式。

　　我们都知道，参观行为通过感情来连接思想，只有当叙事内容能够感动参观者，触及参观者心灵的某一处共鸣，参观者才能和叙事的事件联系在一起。

　　参观者的参观行为依次以四个阶段的过程展开，从猎奇到仔细观察，再到抽象出概念，最后评判叙事信息是否能够为己所用，引发共鸣（这不是一个直接和显性的过程，是一个思想的内化过程）。把叙事信息作为知识纳入自己的思想知识体系当中，是一个从本能不断转化成思维的思考过程。

　　信息接收的"相对自由"也就是设计师对空间界面以及在空间界面上的"物"的设计，来影响参观者的参观行为，使参观者在物理层面下，空间的视觉物象中，在一个隐形的设计师所设置的叙事线索里，接受叙事内容。

　　*人在运动中，在脚的行走中来欣赏。正是在行走中，在从一个地方到另一个地方的漫游中，我们体会到空间是如何展开的。*

　　　　　　　　　　　　　　　　　　——勒·柯布西耶（Le Corbusier，1887—1965）

---

知识链接：扫视（Glance）和凝视（Gaze）

　　扫视和凝视的二元对立是针对参观过程中的时间性来说的。在诺曼·布列逊的《视觉与绘画：注视的逻辑》一书中《注视与扫视》一文中指出，注视（Gaze）中的"注"，即注意（Regard），其词源远不止"看"的基本行为，而含有一种重复的暗示，即视觉内一切迫切的冲动，一种孜孜不倦的、带有重复捕捉的看。注视试图从转瞬即逝的过程中提取持久的形式，挖掘事物表层之下深层的东西。

　　而与注视不同，扫视同时创造了一种间断的视觉，一种越过高峰随之又漫不经心的低谷的系列，当它本身的能量突发并伴随资源暂时耗尽之后的恢复。扫视时，注意力不断转移，而设法隐藏了它自身的存在。

　　扫视和注视存在着潜在的二元对立。扫视暗示着一种持续时间性中的视觉，它不排除观看的过程本身，也不掩盖身体运动的痕迹。

---

### 环境叙事中的"观法"和"行法"

设计师通常通过平面上动线的设置和变化来暗示参观客体在空间中的运动，并通过空间界面上的视觉元素设计来进行真实的路线引导。

在《画品》中，"经营位置"是谢赫六法中的关键一法，对于绘画来说，是在动态的、具有时间性的真实空间物象中，选取某一个具体的物理空间位置，在某一个恒定的时间点、经营一个最佳的位置和角度，并在静态的画面中把它恒定下来，就是把此时此地的景象描摹下来，是从动态到静态，从三维到二维的转化。对于观看来说就是一种凝视的方式。

而在叙事环境设计中，则存在着两条并存的时间线索：作为叙事主题本身的时间线索，它通过叙事对象呈现；作为叙事客体——参观者在叙事空间中感受到的时间线索。我们往往会把关注点放在第一条时间线索上，而忽略了第二条时间线索。

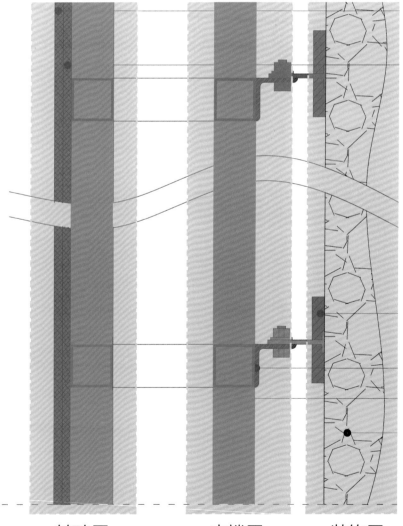

基础层　　　　　　支撑层　　　　　　装饰层

图 15　某展陈饰面层叠建造节点大样示意图

类似于园林中的"移步异景",身体在时间的流转和空间的转向中不停地变换。叙事环境中,叙事客体动态性的行为和观看的过程,实际上是通过参观路径提供给参观者无数个瞬间的画面,来建构起参观者思维中自洽的叙事内容。这其中包含着两种不同的观看方式之间相互切换的观看状态。通过路径变换给予的视觉上的游移(Glance)和凝视。

在"材质语义"的课程教学时,如果忽略了环境叙事中叙事客体是在动态性的游移和凝视这两种视觉方式的不停切换中去接纳叙事内容的事实,而把材质语义呈现的视觉对象限制在一种相对来说静止的视觉状态下,那么,则略显偏颇,并且在"材质语义"的实验创造时,也少了更多表达的可能性。

## 空间界面建造的两种方式:实体建造和层叠建造

材料或成为或借助或附着或代替障碍物来叙事和表义。在这里要强调成为、借助、附着、代替这四个动词,主要是为了推出空间界面的实体建造和层叠建造(veneered construction 或 layed construction)两种建造属性。

### 实体建造

实体建造是指通过实体材料(如混凝土、砖块、石材、木材等)进行切割、组合、拼装等方式来构筑空间界面,并把实体层暴露在外的一种建造方式。

### 层叠建造

层叠建造是相对于实体建造来说的。

层叠建造指空间的界面大多数情况下并不是由单一界面建造而成,而是由多个层面的界面叠加组合而成。不论是在层叠建造的干作业还是在湿作业中,面层根据功能,都是由作为承重结构的基础层、装饰层以及支撑或粘连装饰面的支撑层面三类属性的界面组成,而每类属性的界面也不完全以单纯的单一界面来实现。有时候,某类属性的界面也可以由多个界面组合而成。由于"材质语义"课程中,对材料呈现的视知觉效果所携带的叙事性表达的重视,主要关注层叠界面中显现在最外部的饰面层的实验和表达。

大多数情况下,当我们把关注的重点从界面,特别是以墙体为主的结构、承重构件的物理性属性中解放出来,去探讨饰面层的知觉语义时,材料的实验和表达便具备了更多样和大胆的可能性。

### 饰面层的层叠建构

层叠建造在空间建造上也许是一个普适性的概念,但是当它作用于饰面的视觉感受时,人们往往会忽略利用层叠建构的方式,特别是利用饰面面层之间的间隔空隙、材质变换(透质与不透质、表面的反射与折射率)和图案等元素的交互作用,结合着观展行为中参观者运动的参观行为,作用于眼球,起到视觉动态化的特殊效果,或者说一种动效的视知觉体验。

如果说,在层叠建造时的层叠做法主要是出于建造的功能做法要求,那么,

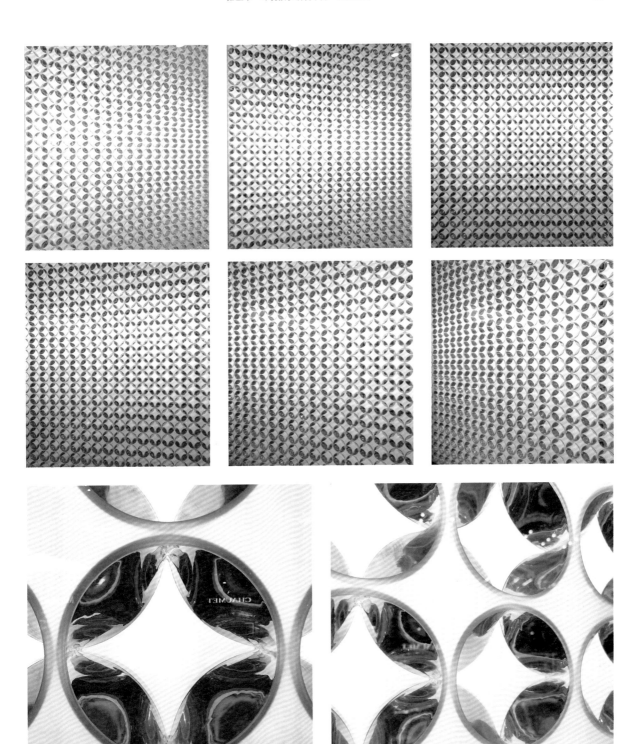

图 16　路易威登专卖店立面, 利用层叠建构原理, 创造出具有动态性的视觉效果

把饰面层独立出来，思考饰面层的层叠做法，其目的则指向知觉叙事的需求，从而转向视觉传播领域中的叙事传达，饰面层由层叠建造转向层叠建构。

相信大家都能体会到，视觉传播领域中从静态图像向动态化、动效化发展的趋势日渐明显，饰面层层叠建构的方式产生的动效视知觉效果，从某种意义上来说，也是一种视觉传播语境下的动态设计。

在制作平面图形时，有一个很关键的制作因素，那就是图层的设置，各图层的叠加，通过动态软件，对各图层进行一系列的动态性设置，来完成在平面面饰上的动态视觉效果。从某种意义上说，层叠建构的各个饰面层也起到了图层的效果，但其动态效果主要由人的运动和某些面层的动态表现来完成（图16）。

在视觉作用上，软件中的图层和层叠建构时的面层，有着相似的作用，但面层的有趣之处在于以下三点：

一、面层与面层之间的水平向度空间间隔可以和人的参观行为产生有趣的互动关系，在层叠建构时，更多的是基于面层之间各种元素的交互作用，通过观展者的身体运动所带动的视觉角度的转变，在观看时，影响了各个层面之间角度的变化所产生的视觉动态化。

二、面层真实材料所携带的真实性的材质肌理，往往会比平面软件模拟下的图层效果来得更生动，比如面层具备真实材质的触觉感受，在周围环境，如光线和角度的作用下，会展现不同质感的视觉效果等。

三、虽然我们把不同层定义为面层，但是这个面层的概念并不一定以平行板面的形式呈现，它（或者构成它的单元体）也可以是具有曲度的、弧形的、三角体的、多棱锥的等各种形态。


## 层叠建构中的透明性


*当我们看到两个或更多的图形互相重合，并且其中的每一个图形都拥有属于自己而同时又是共同叠置的部分，此时我们就碰到一种空间维度上的矛盾。为了解决这一矛盾，我们必须设想一种新的视觉属性。这些图形被赋予透明性：即它们能够互相渗透而不在视觉上破坏任何一方。然而透明性所暗示的远不仅仅是一种视觉的特性，它暗示一种更为宽泛的空间秩序。透明性意味着同时感知不同的空间位置。在连续的运动中的空间不仅后退而且变化不定。透明图形的位置具有某种双关的意义，看起来它一会儿在前面的位面上，一会儿又跑到后面的位面上。*

*——乔治·科普斯（Gyorgy Kepes，1906—2001）*
*《视觉语言》中对艺术含义上的透明性的定义*

图17　《焕（幻觉）》（图片从左至右依次为从细节到整体），朴承模，gaok 古驰梨泰院旗舰店，2020 年

　　关于透明性的多重含义，我们可以从相关文献中得到理论论证。首先是柯林·罗与罗伯特·斯拉茨基（Robert Slutzky，1920—2005）的《透明性》（Perspecta）一书。此书阐述和区分了字面物理性（literal transparency）和现象透明性（phenomenal transparency）。前者指材料物质性的视觉属性，如玻璃的透明；后者作用于空间中，主要指能够互相渗透而不在视觉上破坏另一方的空间属性上的透明性，是一种空间感知的现象学。

　　层叠建构中的透明性不单纯指由具备透明物质性的视觉属性的材料所表现出来的透明，如单一材质本身透明的光学特征，还有通过环境叙事中参观客体动态的行为和视觉状态下，材料的一种隐性的"透明性"，可以通过层叠建构时，材料与材料之间，图案与图案之间的重叠、分散，特别是利用材料层折射、反射、透明度等材质特征的共同作用，起到一种对材质图像化的综合感受。

　　饰面层的层叠建构依托于材料之间面的实体与镂空关系、材料物理性层面的透明性、透明率、折射度、反射度等质感之间的设计达成。

　　层叠建构的原理使我们意识到，在进行材质研究和表达时，我们往往关注于单一材料（更准确地说是单一体块）的"材质语义"表达。即使是多样材料的材质实验，也会把重点放在饰面作为体块，通过融合、编织、并序等构成方式在单一界面上的材质表达，即通过某些材料去创造出新的视知觉属性的材料，而忽略了层叠方式的"材质语义"表达。通过物品的结构面层之间的组合，甚至是利用平行向度和水平向度等多重向度上的材质的对比、组合等方式，而这是一个有待开启的关于材料实验的新天地。

　　同时，也不可以忽略材料作为实体，与虚拟媒介之间也可以形成多样的层叠建构表达，如材料与影像、材料与交互、材料与光、材料与影……

　　通过面层的叠加所产生的透明度的浓密关系，与图像中的明暗相关联，就像艺术生从小的素描训练一般，只不过，这时由铅笔笔迹叠加产生的阴影与光亮被金属丝网的层叠建构所替代了。

当谈及为什么使用金属丝作为创作的原材料时，朴承模提到，这源于和一个艺术家友人的对话——不同肌肉的生长是依靠人们所生长的环境的。人们可以据此去了解自己是谁和他是如何依靠具体环境生长的。这句话在艺术家心里萦绕。他想知道，他也是用同样的方法建造出来的吗？如果环境造就人，难道人不是由粒子组成的？他陷入纠结。在创作时，他想使用某种特殊的材料来表现粒子的构成。

艺术家朴承模（Seung-mo Park，1969—　）优秀的造型能力结合着金属丝网，创造了超越人们对材料常规认知的语义表达。金属钢丝是一种线性的纤维材料，与普通的纤维材料相比，金属的质地虽然在造型时很费力，但能够使线状物独立成型，而不需要在内部添加其他的支撑结构。朴承模也提到，在最初也尝试过使用稻草来作为原始材料，但无法成型。

与素描创作时，笔迹的不断叠加不同，在朴承模的创作中，用的是减法。通常他会从一张照片开始，在上面附着上足够层数的金属钢丝网，然后使用减法切断不需要的部分。因此他的作品通常有几十厘米的厚度。

在这组名为《焕（幻觉）》的作品中（图 17、图 18），朴承模利用不锈钢丝网的层叠建构，把这种手法当成画笔，来描摹自然的景物，强调自然中影的图像勾勒，同时配合内部和外部不同光源的投射方式，还原森林的幻觉。

　　*我的工作正是如此，它通过光与影的互相作用，传递信息。用放映机投射到屏幕上的影像，当你把手放在投影仪前的时候，你会发现图像不是真实的。我创造了"焕（幻觉）"这个词语作为作品的主题，我看到的一切都是发自内心自然的影子。我开始做这件作品作为回应，对应日益严重的环境污染。我一直在思考环境问题。我觉得有必要用森林和树木的主题来阐述环境价值。阴影有助于捕捉图像的真正本质，虽然照在正面的光似乎干扰了感知，背光投射出柔和的钢丝阴影强化了图像。这个景观是由一百多个版面组成的，我希望它能提醒我们必须保存的东西，不应该丢失的东西。*

*——朴承模*

在这里，笔者想特别提出和分析一种观点。朴承模，不论是艺术家本人对自己的理解还是外界对他的定义，倾向于认为他是一个艺术家，一个应用金属丝网作为自己专属材料来进行艺术表达的雕塑家。在叙事环境语境下的"材质语义"的应用，常常会遇到两种情况：一、设计师纯粹地以空间围合建构为出发点，来进行的材质创造；二、以朴承模为例，专注地以某种材料为创作原料，并在自己的领域有所建树的艺术家，同时被作为独立创作者来进行某设计案例中材质界面的主题创造。笔者认为，两者并不矛盾，都可以纳入"材质语义"的探讨范畴。

图 18　《焕〔幻觉〕》夜景效果，朴承模，gaok 古驰梨泰院旗舰店，2020 年

### 结构独立成为一种材质的表达

大多数情况下，我们可以利用层叠建造的方式，把空间界面分为作为承重结构的基础层、装饰层以及支撑或粘连装饰面的支撑层面三类属性的界面。但这也不是绝对的，有时作为承重结构的基础层和支撑层合二为一，设计师将基础结构的构建模块暴露出来，结构本身所携带的形式美感，也能起到视觉叙事和装饰的作用。

在这类设计中，我们可以明显地看出两种源自不同设计思考的结构构造方式：

一、依托传统手工艺，利用材料的线性形态，通过编织等手法营造出的空间体量，如 2012 年建成的爱马仕巴黎左岸店（图 19）。左岸案位于一个古老的、已废弃的泳池内部，原围馆空间带有强烈的装饰艺术（Art Deco）风格。2005 年，泳池被巴黎市政府列为保护建筑，而不能随意改变其原有结构和表面。设计师运用白蜡木为材料进行支撑，设计出类似于茧型的空间分隔，在作为空间二次限定作用的基础上，也利用材料结构原型来做内部的展品布置。

图 19．爱马仕巴黎左岸店，RDAI 建筑事务所，2012 年

图 20　亚种沙元（The Sand Dollar）的板骨架形态的仿生学研究，斯图加特大学 ICD/ITKE 研究馆，2011 年

二、运用参数化的计算结果所生成的一种表象结构。如名为斯图加特大学 ICD/ITKE 研究馆的实验性项目，是计算机设计研究所（ICD）和建筑结构与结构设计研究所（ITKE）于 2011 年夏天的合作项目，旨在教学和研究关于木材构成的临时的仿生学空间与结构造型。通过计算机的设计、模拟，以及计算控制方案的制造，去探索海胆的亚种沙元（The Sand Dollar）的板骨架形态的仿生学研究（图 20）。

结构所创造的美学形式成为一种独立的设计表达来进行设计叙事。此时不需要对原始结构和原始的材质做任何的覆层，即使给予了覆层，那么也是以最"轻"的面貌出现，用来抵御时间流逝所造成的对材料的侵蚀。

在层叠建构时，结构层通常被遮蔽起来，通过装饰层的形态进行设计叙事。那么，当结构暴露于空间，成为一种独立的材质表达时，除了展现其清晰的结构面貌，在"材质语义"创作时，很重要一点是：思考各结构构件以何种交接的形式呈现，即研究如何去清晰地交代构建连接的咬合方式。

## 结构构件的连接方式

　　这时，"材质语义"的关注点从材料表面覆层所带来的 "图示化"的视觉表现转变到对结构连接构建方式的关注，去关注不同物体或同一属性的多个物体，以何种方式去进行连接，把每一个痕迹，每一个连接，每一个接缝，每一个节点裸露出来，去强化这种咬合关系。层叠建造当中的"覆层"对结构的遮蔽转而变成了一种对结构的强化，结构构件通过结构构造的方式参与"材质语义"的表达（图21—图25）。

　　这是一组笔者作为学生亲历的"材质语义"课程实验。在这组可乐瓶房子中，抛弃了砖、石、木等常规砌体材料，实验性地使用可乐瓶来进行构筑。作业的难点在于如何以清晰的面貌把可乐瓶的单体元素交接起来（图21、22）。在设计中，使用了可乐瓶瓶身设计剪裁成八字片进行平行向度上的瓶口与瓶口的连接（图24）；在垂直向度上，则使用可乐瓶瓶盖与瓶盖倒扣相连，用螺丝进行固定的方式制作单元结构（图23）。

　　可乐瓶本身携带着一种快消品的符号语义。在建造领域如何解决材料的循环回收利用，是人们所关注的一大问题。同时，由于展览的周期较短，使用常规构建材料要花费大量的建造时间和建造成本，展览结束后也会造成一定的资源浪费。可乐瓶作为一种现成品，是一个个独立的个体物品，如何对这种现成品进行结构的搭建和处理是本实验的重点。

图21　可乐瓶房子节点大样研究

图22　可乐瓶房子实施设计方案研究

图23　在垂直向度上，使用可乐瓶瓶盖与瓶盖倒扣相连，用螺丝进行固定的方式制作单元结构

图24　平行向度上，设计八字片进行瓶口与瓶口的连接

图25　完成后的可乐瓶墙

图21

屋面

屋面

屋面

屋面

组合后砌体状态。

上图为实物。

下图为虚拟模型。

图22

图23

图24

图25

如果说在前述可乐瓶案例中，使用了可乐瓶自身的材料以八字垫片作为连接构件，来构建和连接个体物品，那么，在以下作品中，则使用了计算机 3D 打印技术和结构分析计算软件来辅助完成了作为现成品可乐瓶独立的个体的连接与建构。

德国波茨坦哈索普拉特纳研究所人机交互实验室的博士研究员罗伯特·科瓦奇（Robert Kovacs）和他的团队创建了束构架（Trussfab）的软件端到端系统，可作为建筑草图大师（Sketchup）的插件使用，允许用户使用塑料瓶和 3D 打印连接制造坚固的大型结构，使其易于且相对快速地构建。

束构架将塑料瓶视为横梁，形成结构合理的闭合三角形，这些三角形连接在一起形成桁架。这些桁架是任何桁架制造结构的基本构件。

如果把可乐瓶单体进行空间限定的定义，它并不作为墙体的面饰功能，而是去创造一种梁架的支撑结构。在束构架的系统中提供了两种不同的结构连接构成方式，依次为利用 3D 打印技术生成的结构连接构件（图 26）和利用 2D 激光切割生成的结构连接构件（图 27）。

材料从作为"覆层"的填充、遮蔽、叠加的常规认识中挣脱出来，以独立的支撑结构的形式，来进行"材质语义"的表达（图 28、图 29）。

图 26  束构架（Trussfab）利用 3D 打印生成的连接构件

图 27  束构架（Trussfab）利用 2D 激光切割生成的连接构件

图 28  束构架展厅局部

图 29  束构架展厅整体

图 26

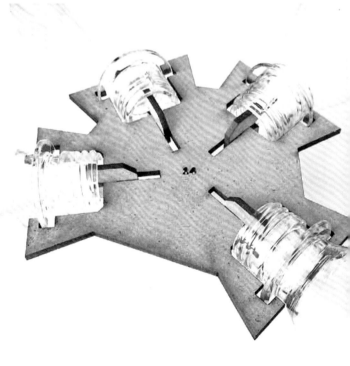

图 27

图 28

图 29

## 对传统材料与建构观念的颠覆

在赫尔佐格和德梅隆设计的纳帕山谷多明莱斯葡萄酒酒厂（Dominus Winery，Nape Valley）的外立面（图30—图33）上，赫尔佐格和德梅隆独创地把结构层以一种金属框架表现出来，并在其中投入石材，起到空间界面和饰面的双重效果。石材来自附近纳帕峡谷中的天然灰色玄武岩。

在设计时，并没有用常规的砌筑方式对石材进行加固，而是在立面上利用预制金属网制成的金属框，用金属框勾勒出整体外墙的立面形态，然后在其中投入20厘米至50厘米上下的石块，金属框由支撑的金属结构锚固，形成厚厚的一层表面，能调节温度，保持室内恒温。石头的间隙调节了进入室内的光线，使这个体量巨大、外墙厚重的"石头盒子"从远处看过去朦胧而轻盈。石头围合的墙体内有一个用常规的混凝土方式建造的"盒中盒"，用来作为酒厂的储藏室、品酒室等实际使用之用，是一种反向思维的构造方式。

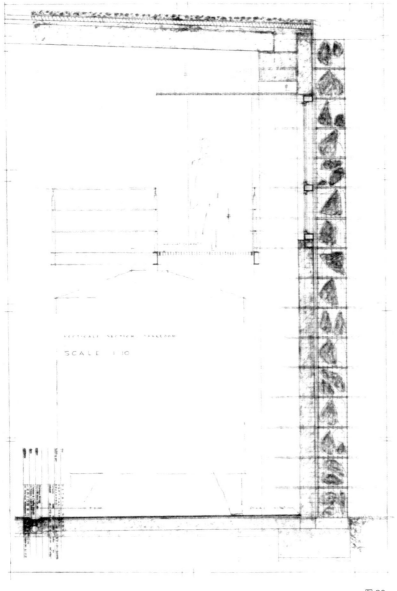

图30

图 31　　　　　　　　　　　　　　　　　　　　　图 32

图 30　多明莱斯葡萄酒酒厂框架与石材结构示意图

图 31　多明莱斯葡萄酒酒厂建造中的金属框架

图 32　多明莱斯葡萄酒酒厂个人编制金属框架施工现场

图 33　多明莱斯葡萄酒酒厂，纳帕山谷，美国加利福尼亚，1995—1998 年

以上图片均转载自《赫尔佐格和德梅隆全集》（第3 卷 .1992—1996 年）

图 33

这是一种特例的构造方式，结构被饰面包裹在内。如果把层叠建构中的三层结构比喻为人体，毋庸置疑，皮肤内包裹着肌肉，肌肉中包裹着骨骼，而在多明莱斯葡萄酒酒厂的案例中，则把如骨骼般作为支撑结构的金属框架暴露于外，把同时兼顾着表皮与内容的玄武岩填入骨骼，也就是金属框之中。这是一种对传统材料与建构观念的颠覆。

### 以垂直向度界面为依托的材质语义

当我们谈论环境叙事时，在大部分的情况下，我们谈论的是一个被多向度界面所包围的空间，在默认空间为常规的盒子空间（有时也可以是不规则空间结构）时，空间内的"物"包含了垂直向度上的四个立面、柱网、展具和平行向度上的顶面与底面。在环境叙事设计中，我们也把其称为"三元一体"——覆盖元、地载元、支撑元和展品载体。材料作为一种媒介依附于多向度的空间界面去叙事表达。

在之前的段落中有提及，在大多数情况下我们把空间界面默认为在垂直向度上，去讨论和实验材料的应用方向，因为这往往是人们所最关注的空间界面。

*人从离地面 1.70 米高的地方用眼睛来观察建筑物。一个人仅能通过目力所及来观察目的，只能通过建筑物的要素情形来考察构思。*

*——勒·柯布西耶*

正如勒·柯布西耶在《走向新建筑》中所宣言，人站立的时候是垂直的，目光所及和体验在正常的视角下，更多地关注于垂直向度的界面，同时，垂直向度的界面又起到了空间围合和限制参观者参观行为的作用。垂直界面是人处于身体和视觉的常规状态下所能体验到的最直接的空间界面。

### 以平行向度界面为依托的材质语义

但是有时候在平行向度上，大多以空间顶面和地面，也就是地载元和覆盖元为探讨对象的材质语义也是一个需要去研究和关注的重点。

在以平行向度为依托的材料表达上，特别是以空间顶面的材质做法中，受重力影响，经常使用悬挂的方式来进行材质表达。

安东尼奥·高迪 (Antonio Gaudi, 1852—1926) 的巴特罗之家 (Casa Batlló) 是一座举世闻名的建筑。巴特罗之家的设计旨在对地中海光线氛围的致敬。

隈研吾团队所做的项目是对巴特罗之家公寓中五层消防楼梯空间的改造，作为巴特罗之家垂直交通的重要空间，这是参观者游览的必经之路。项目采用了一种名为 kriskadecor 的阳极氧化铝链条来进行空间造型（图 34），事实上，这类材料已经作为空间分隔、天花造型、墙面装饰等方式应用在几百个大大小小的空间项目中。

图 34　巴特罗之家室内改造设计——向地中海阳光致敬，隈研吾建筑都市设计事务所

如何在一个密闭的楼梯空间中运用光线？在这个项目中，隈研吾团队利用垂直悬挂的铝制帘进行造型，去捕捉光线，窗帘形态从屋顶最亮的空间垂下，慢慢过渡到地下室的黑暗空间，通过光的渐变在铝制帘造型上闪烁的反应，创造一种运动的游戏体积，成为这个空间的第二层皮肤。

之前，在笔者自己的材质创作过程中，一直有一个执念，总是纠结于材料本身是否能够作为一种结构支撑来进行自身的造型，特别是针对具有纤维属性的软性材料。而在分析了 kriskadecor 大大小小的项目后笔者领悟到，利用重力系统产生的垂直悬挂、叠加、叠加后的再造型（帘状造型）、悬挂时的曲度（轨道造型）等方式，也可以达到很好的造型和叙事的表达，在空间中起到二次限定、面饰、覆层、作为天花造型等多样功能（图 35—图 42）。

## 第五节　环境叙事语境下材料实验的包容性

环境叙事语境下，材料实验的包容性主要体现为三个方面：

### 一、受空间力学条件限制较少

空间力学条件下的包容性特点，是相较于建筑学空间设计来说的。古罗马建筑师维特鲁威乌斯（Marcus Vitruvius Pollio，生卒不详）在《建筑十书》中提出建筑的三原则——"坚固、实用、美观"，一直被奉为建筑界的金科玉律。"坚固"首当其冲，强调物质性的实用功能，坚固针对的是材料作为空间界面主要组成部分，在完成材料视觉演绎的美观目的之前，首先要满足空间力学的基础条件，材料才能够去搭建一个具备限定、围合、遮蔽功能的空间，并保证足够坚固和使用上的安全。空间力学主要包括垂直界面的结构支撑性能、水平界面的承载约束性能。

建筑空间中框架结构的普及，使承重框架（frame）和轻质填充 (infilling) 两者在功能、结构、构造方式上区分开来，也就是说，承重框架在承担了空间力学责任之后，轻质填充，也就是我们在"材质语义"语境下的材质实验的大部分情况主要承担感官表现和语义表达的功能。

### 二、受自然环境条件限制较少

环境叙事大多发生在室内空间中，是在建筑空间一次设计后的二次设计，有了建筑主体构架的支撑，材质界面大多不承担整体建筑结构承重的功能，很多情况下，饰面以干挂、湿贴等施工工艺手段附着于一次限定时的原空间界面立面，以材质肌理的面貌出现。有了一次限定，主体空间环境的遮蔽，屏蔽了自然环境中的恶劣气候，使材料的使用在耐光、耐热、抗风等方面得到巨大的包容性。

### 三、受使用年限条件限制较少

以使用年限为例，环境叙事设计使用年限较短（一级建筑：耐久年限为 100 年以上，适用于重要的建筑和高层建筑；二级建筑：耐久年限为 50—100 年，适用于一般性建筑；三级建筑：耐久年限为 25—50 年，适用于次要的建筑；四级建筑：耐久年限为 15 年以下，适用于临时性建筑）。我国民用建筑一般要求

图 35　利用 kriskadecor 对空间出入口进行造型

图 36　利用 kriskadecor 悬挂的曲度呈现灯具造型

图 37　利用 kriskadecor 所做的天顶造型，用来强调地面展台，与之呼应

图 38　在 kriskadecor 上进行图像打印

图 39　利用 kriskadecor 悬挂角度，形成三维几何空间

图 40　与灯饰相配合的曲面造型

以上图片均转载自 kriskadecor 官网

图 41　洞爷湖微精品酒店（WE Hotel Toya），隈研吾建筑都市设计事务所，日本北海道洞爷湖，餐厅空间顶面用布料悬挂方式的空间装饰

图 42　Milla&Milli 品牌展厅，米兰家具展，墙壁和天花板由镂空的轻质织物条制成，染成暖灰色。通风机系统隐藏在喷房内，使整个纹理呈连续轻柔运动。照明系统还有助于营造神奇的氛围

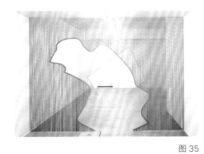

图 35

图 36

图 37

图 38

图 39

图 40

图 41

图 42

设计基准期达到 50 年以上，而在展示设计中，特别是临展类空间，周期性较短，意味着可以忽略材料耐老化、侵蚀、磨损作用等性能上的忧虑。

以蛇形画廊为例，项目位于英国伦敦的肯辛顿花园，因其附近的蛇形湖而命名。自 2000 年起，每年夏天，画廊都会邀请世界上著名的设计师为其设计一个临展类的开放性空间。在建筑行业，为了适应持久性建筑的结构要求，钢筋混凝土和钢材一直是主流的结构材料，但是由于蛇形画廊三个月时间跨度的条件，木结构、膜、玻璃纤维、塑料织物等实验性结构材料在蛇形画廊中都陆续呈现着它们的魅力（图 43—图 50）。

竹子是一种当下比较流行的材料媒介。在中国古代的传统当中，我们可以看到很多使用竹子来制造的器物。但是在空间建构上，竹子并没有被大量使用，中国传统空间结构还是以木构建为主。当然在进行空间建造的时候，我们会使用竹子作为传统的脚手架搭建材料，而不会使用竹子作为一个长时间跨度的建筑构件的承载物。隈研吾在设计建造长城脚下的竹屋（图 51）时，发现了这个原因，因为竹子干燥后很容易开裂，所以并不适合于用作长期使用的建构材料。在这种情况下，他创造发明了把竹子内部的横格去掉，并且灌入透明混凝土作为柱子的建造方式来解决难题。

当下比较流行的感温材料中的感温变色皮革，在当今的技术手段下，对使用条件有很多约束：1.感温变色皮革的耐光性较差，在强烈阳光下暴晒会很快褪色失效，因此只适合在室内使用。应避免强烈阳光和紫外灯光的照射，这样有利于延长变色皮革的使用寿命；2.变色皮革在发色状态和消色状态时的热稳定性不同，前者的稳定性高于后者。另外，当温度高于80摄氏度时，构成变色体系的有机物也会开始降解，因此变色皮革应避免长期置于高于75摄氏度的环境中。而应置于阴凉、干燥和全避光条件下保存。由于变色皮革在发色状态时的稳定性高于消色状态，所以变色温度较低的品种应放在冷柜中保存。在上述条件下，绝大多数品种的变色皮革在储存5年后其性能没有明显退化。

在建筑空间设计时显然不能够作为应用的材料，但是，在叙事空间语境下的展示空间中，却是很好的"材质语义"表达的媒介。

以使用年限为例，会展设计中的时间其实包含着两个概念，首先是展陈的搭建时间，其次是展陈的展出时间。

无论是商业类展览还是文化类展览，都存在着一个展览期限的问题，如在商业展陈当中，多数展览空间为临时租用，为了更大化地节约成本，展览主办方必将缩短展陈设计装配搭建的时间，以更大限度地延长展示时间。

由于搭建时间的限制，多采用预制饰面的搭建方式。预制饰面是由单个的预制元件在展陈现场通过组装、拼接的方式构成的一个完整的饰面。

在建筑设计当中，饰面材料多指户外的建筑立面，通常除了考虑形态美学之外，还要考虑材料的使用年限，在自然环境下经久日衰的材料衰败期。但是在会展设计当中，通常展会的使用年限较短，以世博会为例，世博会的展示时间为六个月，而现在比较流行的快闪店，我们称之为 Pop-up shop 或 temporary store 的设计中，只要保证在展出时间内，短至两三天，长至几个月时间内保证材料的表现状态就可以了。

图 43

图 44

图 45

图 46

图 47

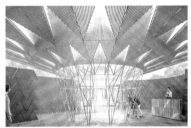
图 48

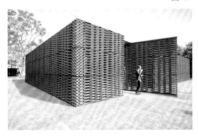
图 49

图 50

图 43 2016 蛇形展亭, BIG

图 44 2015 蛇形展亭, 西班牙建筑事务所 Selgascano, 作品是一个色彩缤纷、半透明、类似蛹的结构, 具有许多不同的入口和出口点。结构外层和内层之间的"秘密走廊"将参观者带入展馆的彩色玻璃效果内部。多边形结构由称为乙烯四氟乙烯（ETFE）的半透明多色织物膜面板组成, 该膜通过钢框架编织而成。工程重点是允许 ETFE 面板变形和偏转, 以便在动态结构中移动, 同时保持其结构健全

图 45 2013 蛇形展亭, 藤本壮介（Sou Fujimoto）。一座典型的建筑可能有 1—2000 根钢架, 据估计, 埃菲尔铁塔只有 18000 多个钢支柱, 但 2013 蛇形展亭则有超过 26000 根——每个支柱都在努力提供形式和力量。支撑提供一系列楼层, 作为非正式座位区和主要功能区, 创造了一个诱人的社交空间。这是世界上最美丽、最复杂的丛林健身房

图 46 2014 蛇形展亭, 斯密利安·拉蒂奇（Smiljan Radic）

图 47 2019 蛇形展亭, 石上纯也（Junya Ishigami）, 体现"自由空间"的哲学, 即在人造建筑和现有建筑间寻求和谐。"我对展亭的设计是以自然景观为背景, 从建筑环境的角度出发, 突出自然和有机的感觉, 就好像它是从草坪上生长出来的一座由岩石构成小山丘"（作者自述）

图 48 2017 蛇形展亭, 弗朗西斯·凯雷（Francis Kéré）, 设计师经常走到他家乡西非布基纳法索的最高点, 环顾四周, 看看光线在哪里, 因为那是派对所在的地方。设计师利用这段记忆, 以及对人们聚集在他村庄的猴面包树的想法, 设计了本年的树状蛇形馆——一个人们可以相互联系并与自然联系的地方

图 49 2018 蛇形展亭, 弗里达·埃斯科韦多（Frida Escobedo）, 展亭空间由封闭庭院的形式构成, 墙体借鉴墨西哥建筑常见的传统微风墙, 特质的混凝土瓷砖在模具中形成定制孔, 堆叠在钢棒和垫片上以形成穿孔墙

图 50 2009 蛇形展亭, SANAA, 起伏的铝结构位于精致的柱子系统之上, 提供一系列相连的空间, 同时保持公园的连续视野。铝反射树木、地面和天空, 具有戏剧性的混合效果

图 51

图 51　长城脚下的竹屋，隈研吾建筑都市设计事务所，中国北京

因此，我们更可以去探寻一些非常规，也就是在常规认知下人们普遍并不认为是会展建构材料的材料，在会展空间当中装饰和应用。

教学目的与要求：

本章节是全书比较关键的一个章节，也是笔者在写作时花了最大时间去斟酌和考虑的章节。

首先，是把叙事环境语境下的"材质语义"与其他设计门类中的"材质语义"进行相应的区分，但是其实这里的界限是比较模糊的，只能说从出发点上进行了区分，没有办法把应用范围进行明确的框定。

然后从空间的角度探讨，在空间当中材质应当如何去表达自己的观念，抒发"材质语义"。这里主要是从培养未来在这个方向的设计师为最终目标，设计师在设计过程中，并不一定是去亲手创造材料的人。但是，可以根据当下提供的现有材料库及其应用方式来决定某种材料能否在叙事环境空间当中进行使用和表义，去决定是否使用以及如何使用某种材料。这一点是非常重要的。

当然，在后面的材质训练章节中，也会通过学生作业讲述如何去创造和实验某种具体材料。这种创造和实验，拉近了设计师和材料之间的关系，从而使他们更加能够理解材料，进而在项目中应用材料。

最后鼓励设计师们在叙事环境语境下，能够更加大胆、开放地使用材料。

## 思考题与作业：

以小组形式搜集在叙事环境空间界面中，材料的多种使用方式，并对这些使用方式进行梳理。

梳理三个不同的脉络系统：

1.针对空间限定，在垂直界面和水平界面的材料应用中的梳理；

2.针对结构关系，在结构与覆层、覆层与覆层（层叠建构）、独立结构三种结构关系下，材料应用中的梳理；

3.针对透明性，在不透质界面、半透质界面、透质界面的材料应用中的梳理。

然而，每个系统之间是有相互重叠、模糊的关系在其中。

如何进行材料实验

How to conduct

Material experiment

# 第三部分

# Part3

# 第四章　原始材料种类的分类与选择

**本章导读**

■ 材料的日常性导致人类无时无刻不和材料接触，我们每一天的生活都潜移默化地在接触和学习着与材料有关的知识。

■ 在材料的选择上，每个学生对某种特定材料的理解都有所不同，课程强调的是作为独立个体的学生与某种、某类材料之间所建立起的关联性，一种交互和故事性才是开启材料课程实践的关键。

■ 原始材料的本性分为材料本身质感所携带的经验性和原始材料作为一种社会性符号，在特定的社会语境下所携带的经验性语义。

■ 原始材料本性的异化——创造一种和材质本性语言产生巨大反差的效果，去突破人们经验中对某种材料的常规认知。

笔者在尽可能多地搜集和梳理和材料有关的书籍、教材、论文等文献中，发现以材料学为目的的文献，大多从对材料的具体分类展开论述。以法国阿格尼丝·赞伯尼 (Agnes Zamboni) 所著的《材料与设计》一书为例，以天然材料、合成材料、复合材料、环保材料为一级分类，其中天然材料下属植物类、金属矿物类、动物类为二级分类，植物类又进行了木材和纺织品的三级分类，力图从材料认知角度出发，尽可能地涵盖所有材料，是一种从观察者的角度出发做的材料总结。然而，在很多的情况下，材料的创新是一种材料跨界的创新组合，如果简单地把一种创新的材料归类到某一特定材质的范畴当中，未免有失偏颇。

在本次教材的编写中，材料的细分不作为重点，重点在于如何引导每一个作为个体的学生，开启他们自己的材料实践。作为课程的前提，材料的日常经验性导致人类无时无刻不和材料有所接触，我们每一天的生活都潜移默化地在接触和学习着与材料有关的知识。

这种经验性有个人的和社会的经验性之分。个人经验性是材料与个人经历相关的某种关系和观念认知，每个学生对某种特定材料的理解有所不同，作为独立个体的学生与某种、某类材料之间所建立起的关联性，一种交互和故事性才是开启材料课程实践的关键；社会经验性则是指社会大众对某种、某类材料已有的共同认知。可以说，在艺术设计创作的诸多媒介之中，只有材料媒介是本身携带着日常经验性的媒介。

因此，在原始材料的选择上，教材并没有做材料的细致分类，而是在叙事环境专业的背景下出发，去理解材料。首先，要开启学生对原始材料本性与异化关系之间的挖掘，之后再从自然材料、生活材料和建构材料三类材料入手。在材料的创新实验中，分单一材料的实验或多种材料组合的实验两类，大多数情况下会以某一材料为主进行材料实验，而原始材料的选择指向的也是作为主材料的应用。

图 1　"万物生息——后石油时代的材料与设计"
展览作品《生土工艺品》，土上建筑，2021 年

图 2　陌上花谷——五谷壳作装饰材料的研究的
材料收集图
学生：许辛桐
材料：小米、水稻、红豆、甜荞、决明子、绿豆、苦荞、
麦麸、核桃壳

图 3　盐迹流莹——石膏与盐的透光实验的材料
收集图
学生：刘昕怡
材料：盐（海盐、岩盐、玫瑰盐）、小苏打、氧化铜、
石膏粉、白胶

图 4　皓雪芳颜——石膏与干花色素反应实验的
材料收集图
学生：罗振鑫

图 5　无间之间 Inbetweenness——藻类的解构
与再生利用
学生：栾梦祎
材料：藻、海藻酸钠、明胶、甲壳素、玉米淀粉、红
藻提取物琼脂、醋

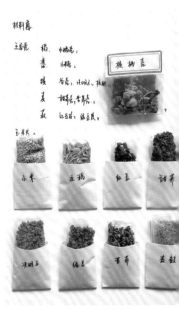

图 1

## 第一节　自然材料的应用

自然材料产自天然，是未经深度加工的材料。如天然的金属材料，自然金；天然的有机材料，来自植物界的木材、竹材、草等与来自动物界的皮革、皮毛、兽角、兽骨等；天然的无机材料，大理石、花岗岩、黏土等。

材料和表面有它们自己的语言。石头讲述着它遥远的地质起源，它的耐久力和永久性；砖使人想到泥土和火焰，重力和建造的永恒传统；青铜唤起人们对它制造过程中极度高温的联想，它的绿色铜锈度量着古老的焦桐程序和时间的流逝。木材讲述着它的两种存在和时间尺度，它作为一棵生长着的树木的第一次生命，以及在木匠手下成为人工制品的第二次生命。

——尤哈尼·帕拉斯马（Uhani Pallasma，1936—　）

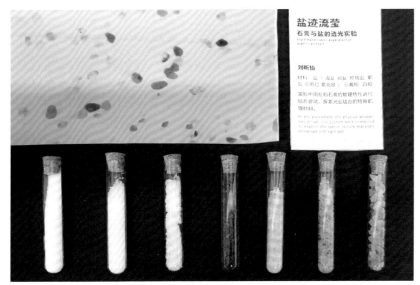

图 3

图 4

图 5

# 陌上花谷
—— 五谷壳作装饰材料的研究
Field Cereals of Flower
—— Study on the grain husk as
decorative material

## 许辛桐

关键词：五谷壳等类　设计　研究

常食的五谷杂粮等类 是第一大类具有
较重开发价值的农副产品。五谷壳本
身体含多种养分 种类繁多 含有黄酮类、
酚类 优素 纤维等成分。是极具替
力的环保再生材料 在取用量上对废
弃的谷壳利用率较低。

从谷壳本身开始研究 并进行不同融
合和混合实验 通过实验探究 选择
树脂等为粘合剂 在随机形态重构阶
段 通过粘接 晾晒等方式改变谷壳
状态 并选取不同状态的五谷壳 与
树脂融合 寻找谷壳本身自然之美。
在有意形态重构阶段 通过设计和方
按排 上去外金属喷漆 细化纹样
设计 离谷壳变力一种有东方美学特
色的装饰材料。

通过探寻谷壳作装饰材料的可能性研
究 从随机形态重构到有意形态重构
探索东方设计中的材料美学 陌上花
谷 赋予谷壳新的生命。

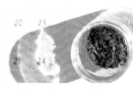

图 6　陌上花谷——五谷壳作装饰材料的研究课程展览

　　如上文帕拉斯马所描述，人们对某一大类材料，如石、砖、木、铜的常规认知。自然材料本身质感和来源所携带的经验性，是人们普遍意义上对某种特定材料的认知，这种认知来自以往的生活经验，对事物的感知，是和某种生命活动具体联系在一起的，也可以说是一种材料的经验性。

　　如果说 20 世纪工业化生产和进步是以石油的开发和使用作为标志，那么在2023 年世界石油产量到达峰值后的不久，这个世界将进入"后石油时代"，设计造物的观念在"后石油时代"也将发生转变。2021 年 9 月，中央美术学院首次举办了"万物生息——后石油时代的设计材料与设计"展览（图1），在对材料的过度开发利用带来的环境灾难以及新型病毒引发的生存环境背景下，以材料这个物质基础去探讨低碳的、可持续的、再利用的发展观念。对自然材料，特别是一些经过一次利用后被丢弃的材料，如何进行二次、三次乃至多次的设计利用，是在自然材料应用中需要特别去关注和思考的问题（图3—图5）。

　　事实上，这也是设计领域普遍关注的问题。英国中央圣马丁学院于 2022 年率先设立了生物设计（MA Biodesign）的研究生专业学位，这个设计方向旨在把设计行业内的专业资源与生物学知识相结合，开发一种新的可持续发展的研究方法。

　　1. 如何利用生物学知识，去设计新的可持续材料？

　　2. 我们如何将设计过程中总结的经验运用于制定与周围生态系统相适应的解决方案？

　　3.我们如何设计生物社会系统去解决当代城市复原力，人类和环境的健康问题？

　　4. 生物设计如何促进循环健康？

　　5. 我们创造出的生物计算系统可以模拟生命系统的能源和材料的效率吗？

　　从五个问题切入材料研究。

## 学生案例

### 陌上花谷——五谷壳作装饰材料的研究（图 2、图 6）

学生：许辛桐

材料：五谷等壳、皮、树脂

　　废弃的五谷壳是一种可开发、有较高利用价值的可再生环保材料。作者从谷壳本身状态研究，并进行黏合剂混合实验。充分利用五谷壳多样的形态和丰富的色彩，与树脂结合，从随机形态重构到意识形态重构，探索东方设计中的材料美学，赋予谷壳新的生命，陌上花开，探寻谷壳作装饰材料的新可能。

### 药纸之言——中药材与其他材料的结合使用（图 7—图 9）

学生：张瑞瑾

材料：各种中药材、松香、棉布、纸张

　　中药材作为特殊的天然材料，具有天然材料质朴自然的特征。古人常佩戴辛夷、佩兰、桂、椒等药物以辟邪祛秽。作者具有中药世家的背景，在材料的创作中使用这种最熟悉的具有中国本土特征的材料进行材质的实验表达。

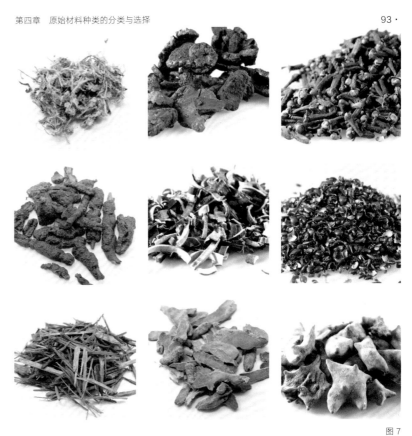

图 7

图 8

图 7　药纸之言——中药材与其他材料的结合使用，材料选择

图 8　药纸之言——中药材与其他材料的结合使用，切面花纹和纹理提取实验

图 9　药纸之言——中药材与其他材料的结合使用，印染实验

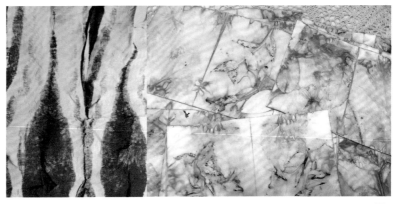

图 9

初步设想保留部分中药材本身特有的切面花纹或纹理，提取中药材的色素，在不同的材质上使用的可能性。探析过程中，使用了松香、棉布、纸张三种材料，其中松香能较好地表现药材的花纹、肌理，但本身易碎且不易改变颜色；棉布易于染色，但是无法表现中药材本身纹理；纸张的研究是在对布料的实验基础上的探究。先对已有纸张进行印染，通过蒸煮、切块、研磨等手段将中药材和纸浆重新混合进行炒制，尽可能在保留部分药材肌理的情况下，增加纸张的厚度和颜色种类。

## 光合作用——植物叶片与光学材料实验（图10—图12）

学生：缪应昊

材料：植物片叶、漂白剂、荧光粉、反光粉、石灰、光油、水、浆糊、速干剂等

### 1. 植物片叶提取

以各类叶片作为实验材料，通过与各类试剂的实验，提取叶脉、叶肉，将叶片脱色漂白。实验所得纯白色叶片与透明玉米叶片，使用荧光粉与反光粉进行染色实验，使其能与光发生反应。使用胶水和光油作为染色的光粉溶剂与叶片本身发生反应，得到意外的肌理效果。

### 2. 植物叶片发光实验

实验一：将原材料提取出的纯白色叶肉与石灰、浆糊、荧光粉等材料制成荧光涂料。

实验二：将荧光染料溶于光油、水、浆糊、速干剂等溶剂中，对提取的原材料进行染色。

实验三：将反光材料溶解于光油、速干胶等溶剂中，结合喷漆等材料，使叶片能够反射光线。

### 3. 植物叶片的应用

最后选定玉米叶纤维作为第三阶段材料，提取出玉米叶中的纤维，进行防腐、

图10—图12
光合作用——植物叶片与光学材料实验
学生：缪应昊
材料：植物片叶、漂白剂、荧光粉、反光粉、石灰、光油、水、浆糊、速干剂等

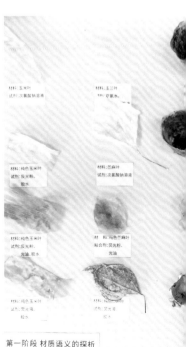

第一阶段 材质语义的探析

图10

漂色等处理。纤维互相缠绕，拥有较好的硬度与延展性。玉米纤维呈半透明，以荧光粉、光油、色粉混合的荧光涂料进行染色，成品具有较好的光泽度，表面肌理纹路特别。

### 骨火——骨头的灼烧研究（图13）

学生：隗封铭

材料：骨头、松香、骨胶、色素

　　生命的印记是与生俱来的，火代表着生命，当骨遇上火，骨的生命印记将被火赋予新面貌。骨和骨胶作为实验材料，火淬作为手段，以此来塑造牛骨的新面貌。融化的骨胶和炭化的骨头碎片融合。在光的照耀下，呈现出斑驳的光线。横切骨头不同界面呈现出不同的肌理，骨头的缝隙有疏有密，在此基础上进行不同程度的灼烧，丰富骨片的肌理变化。

### 鱼皮再生——鱼皮及衍生材料实验研究（图14）

学生：崔慈君

材料：鱼皮、鱼鳞、丹宁、铬盐、各种碳酸盐等

　　在《鱼皮再生——鱼皮及衍生材料实验研究》这组作品中，鱼鳞、鱼皮作为水产养殖加工业及生活中出现的常见材料，通常作为废弃物处理。但鱼皮本身具有独特质感，而鱼鳞、鱼皮中都含有较多胶原蛋白，因此能够作为很好的装饰材料和环保材料被再次利用。作者以此为契机，展开材料实验。

　　本次材料课程实验中将一部分鱼皮制成皮革，尝试使用茶叶（内含鞣酸）和无机盐鞣剂两种材料对鱼皮进行改性，从鱼鳞、鱼皮中提取明胶并与其他材料混合进行改性，以期改变明胶质脆、硬且易溶于水的特征，制作可降解的塑料代替品。

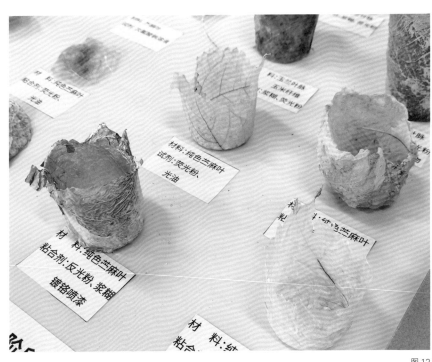

图11　　　　　　　　　　　　　　　　　　　　　　　　　　　　　　　图12

# 骨火
## ——骨头的灼烧研究
### Bone fire
### ——Study on bone burning

## 隗封铭

材料：骨头、松香、骨胶、色素

生命的印记是与生俱来的，火代表着生命，当骨遇上火，骨的生命印记将被火赋予新的重现。骨和骨胶做为实验材料，火淬作为我的手段，以此来塑造牛骨的新面貌。融化的骨胶与碳化的骨头碎片融合，在光的照射下会呈现出斑驳的光线。横切骨头不同界面呈现出的肌理是不同的，骨头的缝隙有松有密，再此基础上再进行不同程度的灼烧，丰富骨片的肌理变化。

| 1——9 | 骨胶实验 |
| 10——19 | 骨片灼烧 |
| 20——27 | 骨筒改造 |
| 28 | 骨片单元 |

| 1 | 2 | 3 | 20 | 21 | 22 | 23 |
|---|---|---|---|---|---|---|
| 4 | 5 | 6 | | 24 | 25 | 26 | 27 |
| 7 | 8 | 9 | | | | |
| 10 11 12 13 14 | | | | 28 | | |
| 15 16 17 18 19 | | | | | | |

图 13　骨火——骨头的灼烧研究
学生：隗封铭
材料：骨头、松香、骨胶、色素

# 鱼皮再生
## ——鱼皮及衍生材料实验探究

MODIFIED FISH SHINS
Material Innovation Research
on Fish Skins and Gelatine

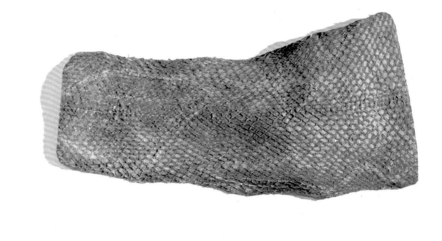

### 崔慈珺

材料 鱼皮 鱼鳞 扣子 铭牌 名
柠檬酸镁盐等

鱼皮本身有独特质感，而鱼鳞、鱼皮
中都含有较多胶原蛋白，因此能够作
为很好的装饰材料和环保材料。
本皮材料课程实验中，将一部分鱼皮
制成皮革，并从鱼鳞、鱼皮中提取明
胶并将其同其他材料共混进行改性以
期改变明胶质脆、硬且易溶于水的特
性，制作可降解的塑料替代品

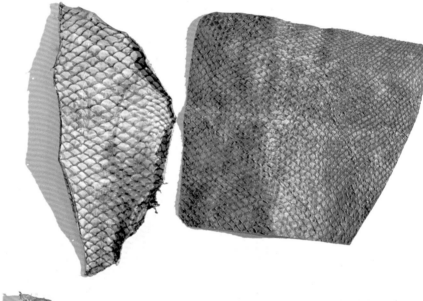

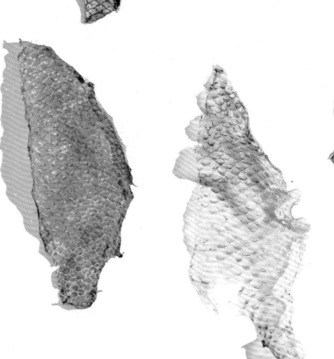

图14　鱼皮再生——鱼皮及衍生材料实验研究
学生：崔慈君　材料：鱼皮、鱼鳞、丹宁、铬盐、各种碳酸盐等

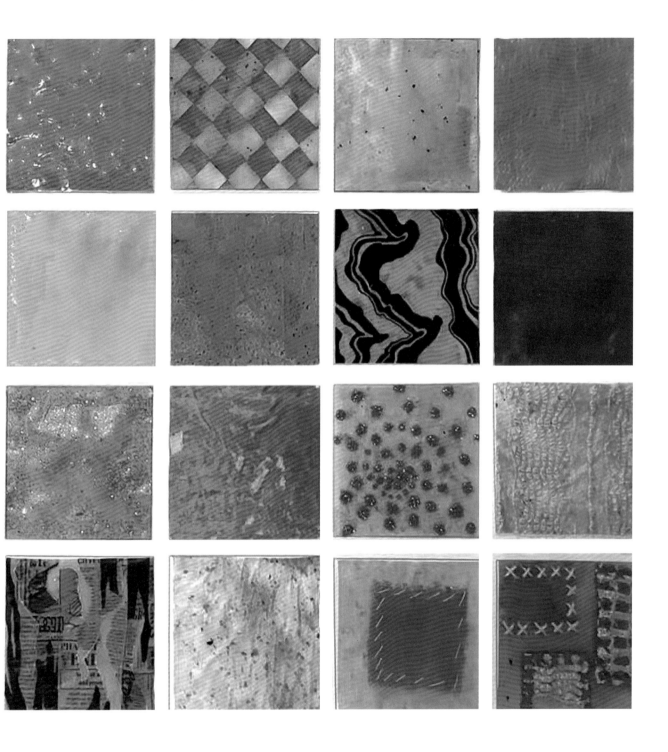

图 15　枳橘肌肤 Tangerine Skin——柑橘属皮革饰面材料探索
学生：陈钧韬
材料：柑橘属作物外皮、乙酸、淀粉、丙三醇、水

## 枳橘肌肤 Tangerine Skin——柑橘属皮革饰面材料探索（图15）

学生：陈钧韬

材料：柑橘属作物外皮、乙酸、淀粉、丙三醇、水

　　果皮作为非食用性的副产品，总被丢弃浪费。然而，果皮可以通过简单的步骤制成可降解的环保面料，来解决快消行业对包装材料的大量消耗。本课程中，作者从橘皮入手，探索如何将其重构为具有皮肤质感的皮革材料，不断调整各生物黏合剂的比例，来达到柔韧、张力、透光等特性，让橘皮的语义得以延伸。

　　具体原理：淀粉是由直链淀粉和支链淀粉聚合成的生物聚合物，淀粉颗粒无法自行溶解，而橘皮中的果酸作为弱酸，有助于分解支链淀粉的聚合链。在加热的情况下，丙三醇与醋酸发生酯化，淀粉发生糊化，从而形成皮革的材质基底。

　　果皮必要性：

　　1. 利用果皮中的大量果酸（弱酸）分解支链淀粉聚合物链。

　　2. 果皮泥成为生物黏合剂，形成皮革韧性。

　　难点：

　　1. 比例控制：丙三醇和淀粉的比例，决定着皮革的软硬程度，淀粉过多，在风干中全部碎裂；丙三醇过量则导致皮革油滑不成形。在产生了无数次发霉的失败品后，得出了稳定的比例。

　　2. 厚度控制：手动控制聚合物的量是第二大难点，下料太厚则无法风干，橘皮极易产生青霉和白霉；下料太薄，则会导致其无法脱模，易断裂，不美观。

图16　海藻
图17　无间之间 Inbetweenness——藻类的解构与再生利用
学生：栾梦祎
材料：藻、海藻酸钠、明胶、甲壳素、玉米淀粉、红藻提取物琼脂、醋

图16

图 17

## 无间之间 Inbetweenness——藻类的解构与再生利用（图 15—图 18）

学生：栾梦祎

材料：藻、海藻酸钠、明胶、甲壳素、玉米淀粉、红藻提取物琼脂、醋

　　海藻塑料是一个"有生命力"的材料，实验探索使用藻类制作纯素材料，利用循环设计和零浪费方法，以便通过重复其"烹饪"，保留材料内容和特性并允许最大限度地使用，同时将环境影响降至最低。将海藻与可持续发展、环境保护主义和零浪费等价值观建立联系，通过对海藻的改造，使其转化成一种可延续的塑料和生物面料，减少对环境的影响。

　　在自然材料的应用实验中，最主要的有两种实验思路。一种是利用生物材料自我生长特性的原理做的实验研究，如利用菌丝体本身生长原理所开发的各种设计，在第六章"材质表现实验的可能性"的"自我生长"章节中我们会进行深入的叙述。如艺术家梁绍基的作品，利用蚕吐丝的原理，改变蚕自我包裹吐丝的生物性征，使之能够依附在各种不同的材质上面，进行吐丝从而产生艺术效果。另一种思路就是提纯的工艺，在作品《枳橘肌肤 Tangerine Skin——柑橘属皮革饰面材料探索》和《鱼皮再生——鱼皮及衍生材料实验研究》中都是以提纯的思路展开的。自然界中的物质，如上述作品中应用的果皮、鱼皮都是由复杂的混合质所组成的，通过提取其中的某一种或某一类物质来达到改变原自然材质性能和视觉面貌的目的，并把这种改性的实验品应用到材料设计当中。

图 18 　无间之间 Inbetweenness——藻类的解构与再生利用
学生：栾梦祎
材料：藻、海藻酸钠、明胶、甲壳素、玉米淀粉、红藻提
取物琼脂、醋

## 第二节　生活材料的应用

生活材料是与人的生活息息相关的材料，是留下人类生活印记的材料，是经过初步加工的材料。如蜡制品、塑料制品等合成材料。

人的主观经验和周边环境、从小的生活经历、地方特色等物质世界中提取出来的要素互相构造而生成的材料，是个人经验携带着原始的"材质语义"参与了物质世界的构造。

我们的生活无处不和材料联系着，有些材料承载着生活的印记，记录着成长的点滴；有些生活材料是来自五湖四海学生家乡所特有的材料，这些材料都可以作为我们材料实验研究的原料。

在生活材料和建构材料中，有一大类我们称之为现成品（ready made）。在"材质语义"中的语义，由于加入了材料，特别是现成品这种特定的"物"，而和常规的艺术形式脱离开了。1917年，马塞尔·杜尚（Marcel Duchamp，1887—1968）把小便池堂而皇之地送入美术馆，取名为《泉》，打破了人们对艺术既往规则的界定，使现成品作为一种新的创作媒介登堂入室，其背后是一种材料的表意机制的转变，强调对现成品材料本身所携带的语义和在艺术设计中对语义之间的延伸和转译。

当人们质疑小便池为工厂所生产的现成品时，杜尚辩驳道：

*这件《泉》是否我亲手制成，那无关紧要。是我选择了它，选择了一件普通生活用具，予它以新的标题，使人们从新的角度去看它，这样它原有的实际意义就丧失殆尽，从而获得了新的内容。*

*——马塞尔·杜尚（Marcel Duchamp，1887—1968）*

低俗、肮脏的小便器，被置于美术馆的高雅之堂，小便池的造型与以往为了达到某种引起视网膜愉悦的目的迥然不同，它没有什么审美性可言，小便池的语义更与传统艺术中的叙事大相径庭，艺术家通过改变小便池的使用语境，达到对传统艺术的反讽。

由此，我们可以发现，材料的日常性使人们对材料，这里主要是讨论现成品，有具体的、关联语义上的常规认知。这是在别的艺术设计媒介中所缺少的，可以说在设计的各种媒介之中，只有材料这个媒介是天生携带着语义。在创作时，对原始"材质语义"的强化、延伸、转译等方式，使作品产生多重语义。

如果说在纯艺术领域，材质媒介从一种物质媒介转向了语义表达，某种观念的指代，那么在叙事环境领域中，材料作为媒介可以说是原生媒介，人们必须通过材料来进行空间的营造，这是从一开始就一直持续着的。只不过当时的材料，仅仅是作为一种材料媒介存在，材料被遮蔽在作为一种构筑物的物质性外衣下而没有进行表意。然而，艺术和设计是相通且相辅相成的，于是在材料作为一种观念性表达在艺术中的发展，也影响着空间构筑中材料观念的发展和变化。

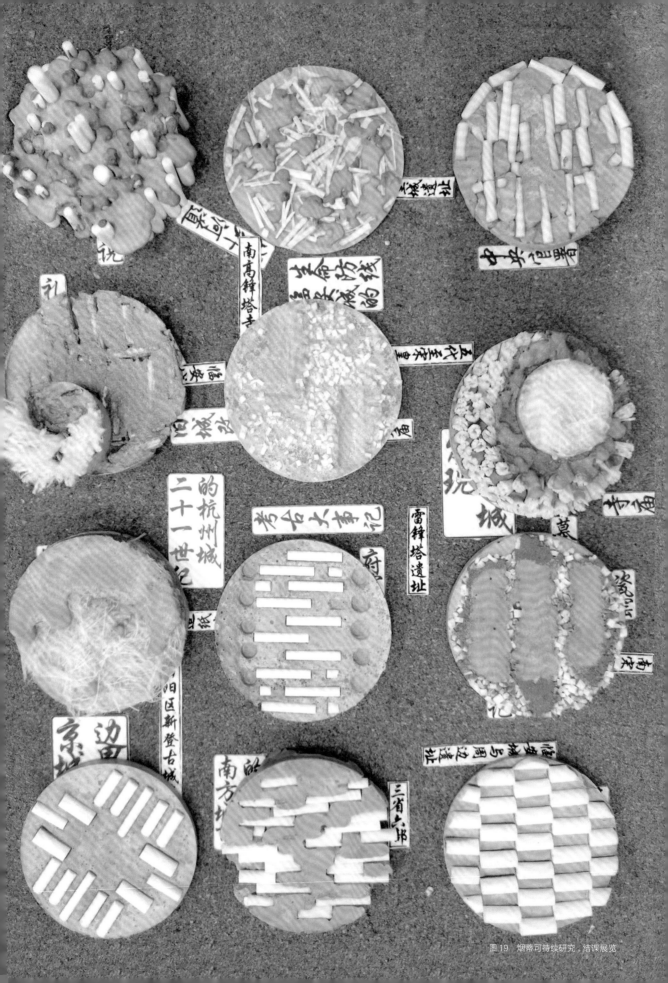

图 19 烟蒂可持续研究，结课展览

部分三：烟蒂应用展望

**工艺品应用**

烟蒂应用到水泥工艺品中，
在减轻工艺品重量的同时
也具有一定的装饰性。
此外，处理成丝状的碳酸纤
维混入水泥还具有一定的
抗裂功能。

场景氛围营造

被碰到了颜色的烟蒂可
室内观赏摆设的物料店
x 配合竹木工制作上
不同的材料搭配，可
造这型型水泥的力量平
全什质感。

部分一：与水泥的搭配实验

材料：烟蒂，水泥
烟蒂具有水泥很好的附性和以透
x 形水泥部分质层层层以以
x 与水泥产生后的相似以以以
无水泥产生实力加入点。

材料：烟蒂烟蒂块，水泥
工艺：一块水泥混填填加水，再敷
空间：x 中的区域填加水泥，干水泥块和这。

材料：A品烟蒂，水泥，uvu胶水
工艺：水泥铺底子于丰排列构造A品烟蒂；
蒂于胶水样有间蒂烟蒂。

材料：8mm烟蒂，4mm烟蒂，水泥
工艺：x 水泥整排铺于丰-8mm烟蒂排列构
体，底部起排铺/丰排4mm烟蒂点排。

材料：4mm烟蒂，水泥，uvu胶
工艺：烟蒂加uvu胶样和旧底，摆加水泥安存
空间，倒入水泥，待干完整。

材料：4mm烟蒂，6mm烟蒂
工艺：待水泥通构好干丰
列底部。

课程：材料通义
学生：黄慈
学号：3200200259
指导：汪菲

烟蒂可持续研究

全球每年产生的烟蒂约占大的垃圾
小以是对个垃级层为为生的烟料和垃圾
拥有烟料材和垃圾层层，其中的垃圾入
层物的有毒毒素和化学物都能入
人层层层的层层层层烟料和垃圾，回
以能从烟料回收实行垃圾烟样垃级，同
以以层层，90以烟料可用垃级为重要。

烟蒂可持续研究
（实验记录）

点光源效果实验记录

图 20　烟蒂可持续研究
学生：潘喆
材料：烟蒂、水泥、UV 胶、喷漆、滴胶等

## 烟蒂可持续研究（图19—图22）

学生：潘喆

材料：烟蒂、喷漆、滴胶、水泥

　　全球每年被丢弃的烟蒂约有84.5万吨，烟蒂已成为地球最大的污染源之一，这些烟蒂由塑料醋酸纤维素纤维和包装纸组成，需要很长时间才能降解，其中还会有大量的有害毒素和化学物质渗入环境。当下烟蒂回收行业日益兴起，回收的烟蒂如何再利用成为需要关注的话题。

　　第一阶段——材料尝试

　　烟蒂的收集、洗涤、过滤在烟蒂回收行业有专门的试剂和工序，过程较为精密复杂，本研究直接采用过滤过后的滤蒂并探讨其再利用价值。

　　染色性很好，资料中也有其他案例用其充当衣料材质。而染上颜色的烟头就完全脱开了原本的烟蒂的语义，可以通过染不同的颜色，混合不同的材料以达到不同的视觉效果与视觉感受。因此，将其染色性也作为下一阶段的研究要点。

　　第二阶段——方向确定

　　延展原来的材料特性，打破原有的材料语意。

图21　烟蒂可持续研究工艺品应用
图22　烟蒂可持续研究场景效果营造

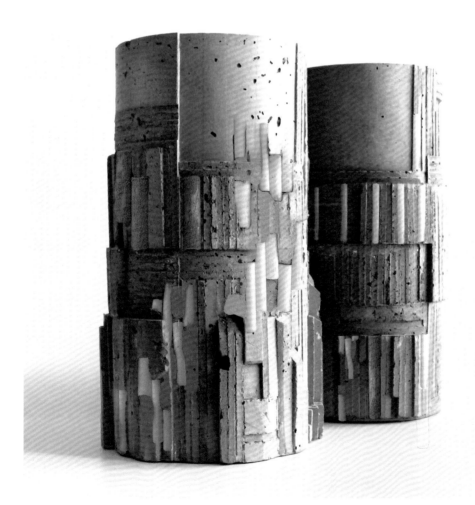

图21

图 22

烟蒂与水泥的搭配实验：

主题"地缝中的烟蒂"，将烟蒂的过滤性与底面石材融合在一起，同时也能起到装饰作用。烟蒂本身具有吸附性和过滤性，烟丝与泥浆的混合也能使水泥更牢固，不易断裂。经清洗、过滤、漂白后的烟头可以与水泥产生哪些可能，是这一部分的探究切入点。

烟蒂染色效果实验：

烟蒂大多以碳酸纤维为原材料，纤维材料染色性好，且不易掉色。经过处理后的烟蒂可呈现不同的形态，外加染色过程中对色彩的层次控制、对光线的运用以及对烟蒂本身的排布，它也不失为是一种廉价好用的装饰材料。以烟蒂的作用发挥为主，采用一种颜色以回避喧宾夺主。可见可塑性很强，单色的可能性已经非常大了。

第三阶段——应用展望

烟蒂应用到水泥工艺品中，在减轻工艺品重量的同时也具有一定的装饰性。此外，处理成丝状的碳酸纤维混入水泥还具有一定的抗裂功能。场景氛围营造被赋予了颜色的烟丝可全然脱离原本的"材料语义"，配合灯光可演绎出不同的材料情感，可灵活应用至不同的场景中烘托氛围。

## 红色的皮——蜡与布的视感实验研究（图 23—25）

学生：沈辛竹

红色的"皮"，是两种指代，一种是布，另一种红色的蜡是毛皮的表面皮。蜡给人的印象总是磨砂的柔软的质感，蜡其自由的可塑造特性使其能作出各种各样的形态，半透明的质感也是其独一无二的感受。本实验选取了不同布料，如无纺布和厚毛面布等，倒入红色熔蜡于其中慢慢凝固，通过拉扯、刮、揉等手法，让表面凝固的蜡呈现不同形态。定的介质或手法来颠覆人们对于蜡的固有看法，让观者颠覆对材料的认知。

## 纯白现象——软性石膏材料建构自由形态空间（图 26）

学生：周佳妮

材料：石膏粉、液体胶、泡泡胶、PVAC、四硼酸钠、甘油

相信每个孩子小时候都玩过泡泡胶。在这组作品中，用儿时玩具泡泡胶不可控的形状进行排列组合，再以石膏为主要材料，利用胶水以及其他材料与石膏粉进行调配的混合物附着于泡泡胶上，经过风干，把这样随机而有趣的形态保留了下来。

石膏作为一种建材，往往给人坚硬、易碎的质感，石膏与泡泡胶的结合，颠覆了以往人们对石膏的固有印象，将视觉上柔软的质感和自由的形态赋予石膏。最终的呈现形式可以作为会展空间的整体空间模型和围馆空间的联想。

在最后的效果展示中，我们并没有看到泡泡胶以实物的状态出现，但是通过泡泡胶吹气后形成的球体支撑形状，同时把石膏、液体胶等混合物附着于泡泡胶上，待石膏变硬，形成泡泡胶壳体的状态，使原本石膏硬质的、易碎的形象和一种柔软的形象联系在了一起，构成了泡泡胶同材异感、同材异形的材料新形态。

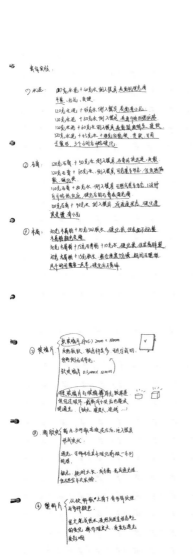

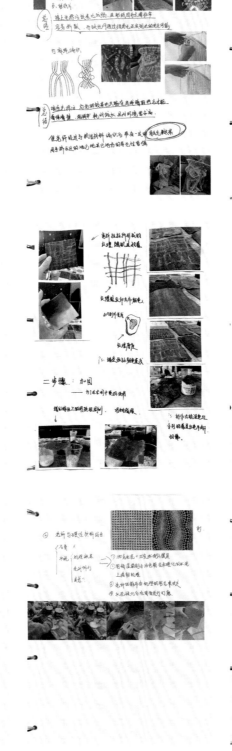

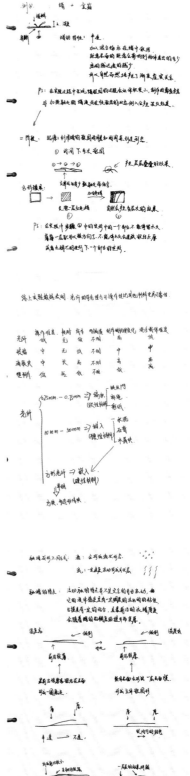

图 23

# 红色的 "皮"
—— 蜡与布的视感实验研究
Experimental study on visual
perception of wax and cloth

### 沈辛竹

材料 蜂蜡 各种颜色布 石广混合剂

蜡 是一种生活日常材料，很早就被
人们提取使用，蜡其自由的可塑特性
使用能成为各种各样艺术 中表达所
带来的质感也是独特有感受。

蜡给人的印象总是千透和柔软的质
感，想茅通过一定的介质或手法来触
蹭人们对于蜡的感有看法。

在蜡与布的分扣联合上，通过拉扯等
手法使蜡凝固部分开裂，呈现出老化
的纹片，红色的皮。呈现种指作，第
一层布是一种皮，第二层红色蜡层布
的表面皮，在哪制续即中露土贴分享
有布危的质感，两者与相交融与相成
就，呈现出不一样的机理感受。

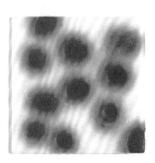

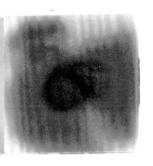  

图 24

图 25

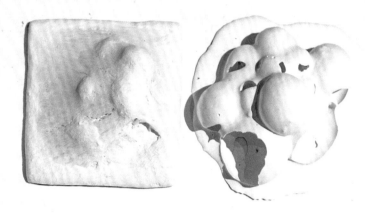

## 周佳妮

材料：石膏粉、液体胶、泡泡胶、pvac、四硼酸钠、甘油

石膏作为一种建材，往往给人坚硬、易碎的感受，然而这样的感受能否进行颠覆呢，以石膏构造的形态能否带来柔软、韧性的感受呢？能否赋予单调的石膏更多趣味呢？

选取石膏粉作为主要材料，利用胶水以及其他材料与石膏粉的不同比例混合，获得不同的柔软质感，传达柔软舒适的感受。用儿时玩具泡泡胶不可控的形状进行排列组合，再将混合物覆盖泡泡胶，从而保留随机而有趣的外观。

将柔软质感与自由形态赋予石膏，介质材料为手上充满趣味的小玩意，由此创造一个充满趣味的、让人感到舒适的空间。

| 1——4 | 以硬做软 |
|---|---|
| 5——9 | 石膏镂空 |
| 10——15 | 混合燃烧 |
| 16——22 | 镂空石膏 |
| 23——24 | 自由形态 |

| 1 | 6 | 11 | 16 | 19 | 22 |
|---|---|---|---|---|---|
| 2 | 7 | 12 | | | |
| 3 | 8 | 13 | 17 | 20 | 23 |
| 4 | 9 | 14 | 18 | 21 | 24 |
| 5 | 10 | 15 | | | |

图26

# "雁过留痕"
## ——从"痕迹"材料语义出发的材料实验与探索
Be perceptive of the minutest detai
——Study on the utilization of
volcanic rocks with multi holes

## 江环

材料：石膏、纺织品、强酸、锡纸、纸制品等

"雁过留痕，人过留声"，事物的发展必定留下痕迹。

这些痕迹，有的是"蚀痕"，时间给予了这些痕迹，有的是"溶痕"，痕迹带来了逐层累加以生成形状。有的是"疤痕"，有的疤痕本身带来了奇妙的质感，用肌理或者形状彰显自己曾经的存在。

而对于不想产生的疤痕，又如何修补？如何美化？

本次材料研究课程，我选用"雁过留痕"这个主题作为主题，选用石膏、纺织品、锡纸、纸制品等作为基底，使用烧、蚀、缠等手法表演此材料语义。

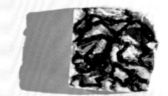

| | |
|---|---|
| 1—3 | 它材融铸-瘢痕 |
| 4—6 | 燃物烧灼-灼痕 |
| 7—9 | 材料替换-补痕 |
| 10—12 | 压印缠绕-印痕 |
| 13—14 | 强酸侵蚀-蚀痕 |
| 15—18 | 逐层灌注-溶痕 |

| | | | |
|---|---|---|---|
| 1 | 13 | 10 | 16 |
| 2 | 14 | 11 | 17 |
| 4 | 5 | 12 | 18 |
| 7 | 9 | 15 | 6 |
| 8 | 3 | | |

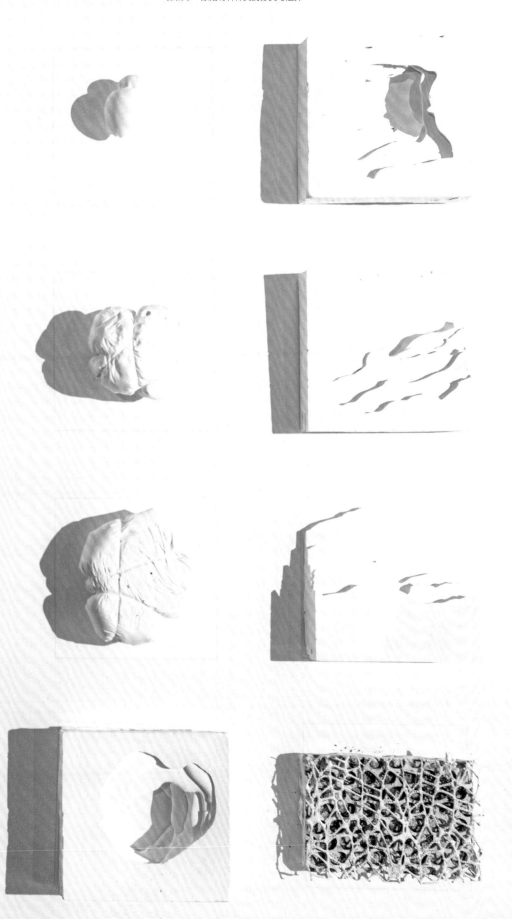

图 27

## 第三节　建构材料的应用

　　建构材料是本身在建造过程中经过工业深加工的材料。根据层叠建构的原理，饰面层、基底层、结构层作为已经成熟的建构材料，如何在"材质语义"设计当中焕发新的面貌？建构材料以基底层为例，泡沫铝密度小、高吸收冲击能力强、耐高温、防火性能强、抗腐蚀、隔音降噪、导热率低、电磁屏蔽性高、耐候性强、有过滤能力、易加工、易安装、成形精度高、可进行表面涂装，是很成熟的基底层材料，在很多案例中，它逐渐作为面层应用，起到很好的装饰效果。饰面材料，如砖、瓦等的重构也展现了丰富的视觉效果。

　　铜箔是一种阴质性电解材料，是沉淀于电路板基底层上的一层薄的、连续的金属箔，手工的击打使每个细节呈现出不同的凹凸、粗细的肌理表面，火的烘烤和氧化的效用作用于铜箔，又能呈现出独特的铜所焕发的颜色和质感（图 29）。

图 28　诺克森领里商店（XOXON Neighborh shop），韩国，2019 年
图 29　《箔立方》——铜箔材料试验研究
学生：刘琦
材料：铜箔、硫磺、硫磺皂、聚醋酸乙烯胶粘 石膏粉、镭射纸等

图 28

# 《箔立方》
## ——铜箔材料试验研究

《 Foil cube 》
————Experimental study on copper foil materials

姓名：刘琦　　　　　　　　　Name: Liu Qi
指导老师：汪菲　　　　　　　Advisor: Wang Fei
班级：会展设计　　　　　　　Class: Exhibition design
课程名称：材质语义　　　　　Course Title: Material Semantics

## ▎材质探索

铜箔的基础造型研究，探究单一条件下铜箔对温度时间产生的变化。

#00101
材料：铜箔、硫磺
烘焙工艺：150℃双面熨
烫30s

#00102
材料：铜箔、硫磺
烘焙工艺：150℃双面熨
烫50s

#00103
材料：铜箔、硫磺
烘焙工艺：180℃单面熨
烫40s

#00104
材料：铜箔、硫磺
烘焙工艺：180℃单面熨
烫70s

#00105
材料：铜箔、硫磺
烘焙工艺：200℃双面熨
烫30s

#00106
材料：铜箔、硫磺
烘焙工艺：200℃双面熨
烫45s

#00107
材料：铜箔、硫磺
烘焙工艺：250℃双面熨
烫55s

#00108
材料：铜箔、硫磺
烘焙工艺：220℃双面熨
烫50s

#00109
材料：铜箔、硫磺皂
烘焙工艺：硫磺皂削碎
220℃双面熨烫60s

#001010
材料：铜箔、硫磺皂
烘焙工艺：硫磺皂削碎
150℃双面熨烫45s

#001011
材料：铜箔、硫磺皂
烘焙工艺：硫磺皂削碎
180℃双面熨烫60s

#001012
材料：铜箔、硫磺
烘焙工艺：230℃双面熨
烫50s

#001013
材料：铜箔、硫磺
烘焙工艺：250℃双面熨
烫25s

#001014
材料：铜箔、硫磺
烘焙工艺：250℃双面熨
烫35s

#001015
材料：铜箔、硫磺
烘焙工艺：250℃双面熨
烫45s

#001016
材料：铜箔、硫磺
烘焙工艺：250℃双面熨
烫70s

## ▎材质延伸

在原有的基础造型研究下，加入综合材料的结合使用，在熠适技法上，除了使用电热熨烫之外还增加了明火、化学试剂反应等方式探究材料的多变性。

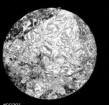 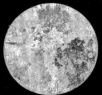 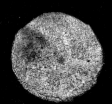  

#00201
材料：铜箔、硫磺、石膏粉、镭射纸
烘焙工艺：铜箔220℃双面熨烫60s，镭射纸覆膜加热，硫磺皂局部灼烧

#00202
材料：铜箔、硫磺皂、聚醋酸乙烯胶粘剂
烘焙工艺：铜箔220℃双面熨烫45s，镭射纸覆膜加热，聚醋酸乙烯胶粘剂局部涂抹后180℃单面熨烫8s

#00203
材料：铜箔、硫粉、10%氢氧化钠溶液
烘焙工艺：铜箔在10%氢氧化钠溶液溶液中浸泡后在半湿状态下局部着重喷洒硫粉后200℃双面熨烫25s

#00204
材料：铜箔、聚醋酸乙烯胶粘剂、镭射纸
烘焙工艺：铜箔220℃双面熨烫60s，聚醋酸乙烯胶粘剂局部涂抹静待氧化

#00205
材料：铜箔、硫磺皂、镭射纸、滴胶
烘焙工艺：铜箔245℃单面熨烫40s，滴胶与硫磺混合合成碎片 局部覆盖铜箔，镭射纸覆膜加热

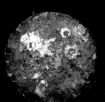 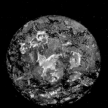 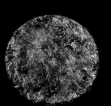 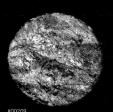 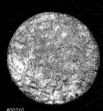

#00206
材料：铜箔、硫磺、液态金属镓、镭射纸
烘焙工艺：镭射纸覆膜加热，金属镓覆盖喷枪加热持续高温度上升至60℃，金属镓加热后呈现液态50cm高度自由滴落后冷却凝固

#00207
材料：铜箔、草绳、液态金属镓、硫磺
烘焙工艺：将草绳浸泡在硫磺溶解后的液体中一晚，第二天晾干，覆盖在铜箔上235℃双面熨烫50s，镭射纸覆膜加热，

#00208
材料：铜箔、片状氢氧化钠固体、硫磺
烘焙工艺：铜箔覆盖片状氢氧化钠固体后滴入少许清水待氢氧化钠固体与水反应后腐蚀铜箔

#00209
材料：铜箔、硫磺、蜡、石膏粉
烘焙工艺：铜箔235℃双面熨烫50s，镭射纸覆膜加热，石膏粉覆盖局部范围后再次将温度上升至250℃再次熨烫10s

#00210
材料：铜箔、硫磺皂、云母切片
烘焙工艺：铜箔220℃单面熨烫30s，硫磺皂创成碎片在云母切片上局部覆盖铜箔，镭射纸覆膜加热

## ▎概念主题

材质语义认识
Semantic understanding of material

在《箔变》这组作品中，结合铜箔受到高温后，表面会出现局部变色、形成氧化铜斑点的特点，运用烧箔的手法破坏铜箔表面的氧化层，结合其与不同酸碱化学反应可呈现红、蓝、绿、橙等色彩的特点。但铜箔本身延展性较低，轻薄易碎，在烧箔处理后表面依然会与空气发生氧化反应，而云母作为一种岩矿物，呈片状晶体绝缘、耐高温，在工业上运用面广，碰撞声音清脆但表面粗糙。将铜箔的"色"与云母片的"声"利用耐磨减速电机相结合，与其他综合材料相烘焙，使能够成为更加稳定的装饰材料。

材料：铜箔、云母切片、镭射纸、硫磺粉、液态金属镓、聚醋酸乙烯胶粘剂、石膏粉

图 29

# LOST 80% DB
## ——隔音材料研究
LOST 80% DB
——Study on sound insulation material

## 王士友

材料：泡沫铝板，大漆，金银箔，水性丙烯酸防腐面漆，浓硫酸，盐酸

泡沫铝是在纯铝或铝合金中加入添加剂后，经过发泡工艺而成，同时兼有金属和气泡特征。

材料整体呈现泡沫状，颜色冷灰，缺乏装饰性，用于建筑材料时会外加饰面，成本较高。

为拓展泡沫铝板的应用范围，用不同配比的浓硫酸及盐酸进行反应，而后刷上底漆，上面附着面漆，放入电窑中加热至 1300° 维持三小时后抛光表面。如此在物理特性的基础上提高了吸音效果，同时兼具美学功能，富有更强的表现力，在实际应用中可直接外露，发挥泡沫状肌理的视觉优势。

| 1——5 | 全剂腐蚀 |
| 6——13 | 差值腐蚀 |
| 14——17 | 锻铝着漆 |
| 18——21 | 穿金镀银 |

| 1 | 6 | 10 | 14 | 18 |
|---|---|----|----|----|
| 2 | 7 | 11 | 15 | 19 |
| 3 | 8 | 12 | 16 | 20 |
| 4 | 8 | 12 | 16 | 20 |
| 5 | 9 | 13 | 17 | 21 |

图 30  LOST80%DB——隔音材料研究
学生：王士友
材料：泡沫铝板、大漆、金银箔、水性丙烯酸防腐面漆、浓硫酸、盐酸

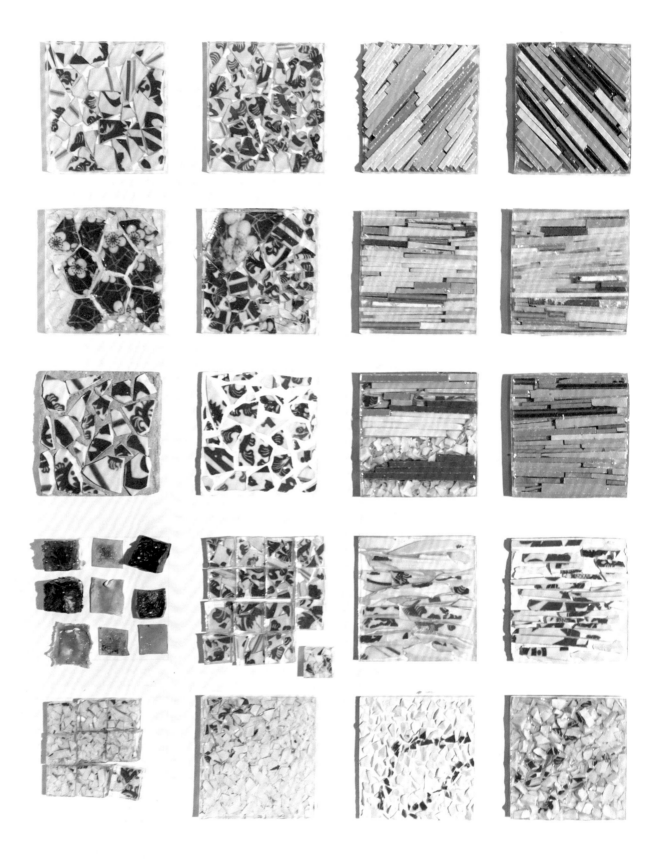

# 瓷花
## ——废瓷片的马赛克装饰效果
### China Fllower
#### ——Mosaic decoration effect
#### of broken porcelain pieces

## 金佳恬

材料　瓷片、硅酸盐、滴胶、液体树脂

中国是瓷器之国，人们在烧制瓷器时，往往会产生大量的残次品；同时还有大量装修切割遗留下来的瓷砖边角料。大量的不可回收的瓷制品只能埋入土地。

陶瓷性质稳定，耐腐蚀，但再加工性差。如何使废瓷器得到二次装饰的效果，成为我探究的方向。

我先收集大量的废弃瓷制品，将不同形状的废弃瓷片进行重构，进一步探索是否可以将瓷片更改形状，细碎到接近沙子的程度，和水泥和其他材料融合，得到与之前形态截然不同的外貌和性能，改善原本易碎的特点。

装修的瓷砖废弃品多呈现条状，将不可粗细、厚薄不均的边角料用平面设计重新构建，形成新的墙面，在不同色彩的搭配下，独具风味。

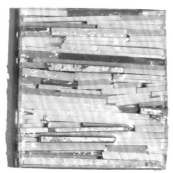

| 1——4 | 探究性实验 |
| 5——10 | 块体实验 |
| 11——12 | 碎块实验 |
| 13——20 | 条状实验 |
| 21——26 | 综合实验 |

| 9 | 10 | 19 | 20 | 25 | 26 |
| 7 | 8 | 17 | 18 | | |
| 5 | 6 | 15 | 16 | 23 | 24 |
| 3 | 4 | 13 | 14 | | |
| 1 | 2 | 11 | 12 | 21 | 22 |

图 31　瓷花——废瓷片的马赛克装饰效果
学生：金佳恬
材料：瓷片、硅酸盐、滴胶、液体树脂

# 都市森林快递员
## ——水泥与活性炭的综合研究
### Urban forest courier
### ——Comprehensive study on cement and activated carbon

### 陈明璐

材料：活性炭、水泥、石英石、中草药

在现代生活中，人们希望达到快节奏
生活方式与低甲醛建筑材料的平衡，
于是我在此次的实验课中探索比钢筋
水泥更轻巧更自然环保的材料。
水泥是城市建筑的细胞分子，而木炭
具有自然除味吸附的功能，原料也来
自自然森林，我从最基础的原材料进
行材料研究，使用白灰两种水泥，加
入石英砂骨料，和五六种不同的碳化
物。结合了水磨石的制作方法，用磨
石刀打磨，改变调配的水分和碳化物
的比例或用氧化铁改变了颜色。
在不同的配比和辅助材料的加入下，
水泥混合块呈现出不同的自然肌理效
果、不同的强度和触感。可以在不同
的空间叙事场景中使用。

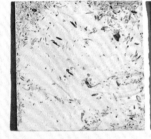
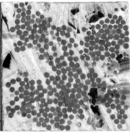

1——3　　　　　　　性能试验

4——8　　　　　　　色彩实验

8——13　　　　　　硬度混合花纹

14——23　　　　　不同碳实验

| | 4 | 5 | 23 |
|---|---|---|---|
| 1 | 6 | 7 | |
| | 8 | 9 | 14 15 16 |
| 2 | 10 | 11 | 17 18 19 |
| 3 | 12 | 13 | 20 21 22 |

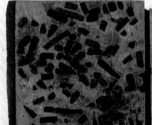

图 32　都市森林快递员——水泥与活性
炭的综合研究
学生：陈明璐
材料：活性炭、水泥、石英石、中草药

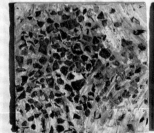

Language III · Material semantics

材质语义

ssibility of material performance experiment

# 材质表现实验的可能性

## Introduction of the Chapter

### 本章导读

每一种材料都有自己的特性，它们是可以被

识和加以利用的。

新的材料不见得比旧的材料好

每种材料都是这样，

变成什么样子

这些材料可以帮我们解决设计中的什么问题？

材料可以变成什么

材料是否可以变换形态？

如何改变材料的肌理？

材料能否实验出新的性能？

材料的触觉如何？

材料可以弯曲变形吗？

······

# 第五章　材质表现实验的可能性

**本章导读**

■ 每一种材料都有自己的特性，它们是可以被认识和加以利用的。

■ 新的材料不见得比旧的材料好。

■ 每种材料都是这样，我们如何处理它，它就会变成什么样子。

■ 这些材料可以变成什么？

■ 材料可以帮我们解决设计中的什么问题？

■ 材料是否可以变换形态？

■ 如何改变材料的肌理？

■ 材料能否实验出新的性能？

■ 材料的触觉如何？

■ 材料可以弯曲变形吗？

　　……

> 每一种材料都有自己的特性，它们是可以被认识和加以利用的。新的材料不见得比旧的材料好。每种材料都是这样，我们如何处理它，它就会变成什么样子。
>
> ——路德维希·密斯·凡·德·罗

现在你们已经选择好了几种可能去实验的材料了，它们有些是你们从实体店买来的，有些是你们去材料市场收集回来的，也有些还在通过快递的包裹邮寄到你们手上……总之，它们都会一一地摆在你们的实验桌上。

这个时候你们带着一系列问题开始进行实验。这些问题可能会是：这些材料可以变成什么？可以帮我们解决设计中的什么问题？它们是否可以变换形态？如何改变它们的肌理？它能否实验出新的性能？它们的触觉如何？它们可以弯曲变形吗？是否可以用一些之前没有用过的实验方法去作用于它们？选择什么工具来作用于它们？选择什么连接方式来作用于它们？……通过这些问题的解决，它们被重新诠释并赋予新的语义。这些语义包括功能的语义、表征的语义、情绪的语义。

每种材料都有自己的特性，如何去发掘这些特性，并发扬出这些特性？这就要使用相应的工艺和方法来对材料进行加工和实验。基于叙事环境的专业特征，本教材把材料实验方式大致分为六类（当然不局限于这六类，只是这六类我们在学习中会比较常见，也希望在以后的课程中逐步发现和梳理出更多的材料实验手法）——融、活化、重构、分割重组、包裹与冲突、自我生长。

# 第一节　融

> 融者皆趣热之士，其得炉冶之门者，惟夹炭之子。
>
> ——《晋书》

物态（state of matter），学名聚集态，是一般物质在一定的温度和压强条件下所处的相对稳定的状态，通常是指固态、液态和气态。物质的上述三种状态是可以互相转化的。譬如水（液态），冷的时候会结成冰（固态），加热到较高

图1—图5
自由的痕迹——以蜡生形，以蜡赋型
学生：岑婧仔　吴璇　王曼欣
材料：蜡、火漆、水

图1

温度时，会变成蒸气（气态）。世界上的大部分物质，在温度的变化中都会呈现固态、液态、气态的转变。通过加热、过火或者冶炼等方式使原来固体的状态转变为液体的状态。当几种不同的物质互相融合，根据物质之间的熔点不同，形态转变的时间也有不同，通过这些特征，来完成熔的物质变化。

通过加热即冶炼的方式，把原本性质不同的物质融为一体。如融流（融化流动）、融陶（熔化陶冶）、融液（融化成液体）、融释（消失，化解）、融蚀（消磨，侵蚀）、融炼（熔化锤炼），其实都包含着千差万别的关于融的实验方法，可以去实验的多种形式和指向最终效果，状态千差万别。

## 融流（融化流动）

自由的痕迹——以蜡生形，以蜡赋型（图1—图5）

学生：岑婧伃　吴璇　王曼欣

材料：蜡、火漆、水

蜡作为日常生活中常见的材料之一，在修片切蜡块时会留下大量废旧蜡片，产生了浪费，且不易在自然环境中分解。这组作品研究蜡回收再利用的方法，通过对蜡形态的深入研究，探讨蜡作为一种环保材料，在会展设计中作为饰面材料的可能性。

实验将从不同材料中提取出的色彩加入不同的蜡中，并将它们混合冷却，蜡会因其种类质地的不同，交融出不同的肌理和色彩，再利用蜡的特性和不溶于水的特点，塑造出一系列随机的形态重构。

蜡遇水后瞬间凝固的特性和蜡本身融化后凝固的再利用性，是一种比较特殊的形态融合。本实验从这一角度出发，尝试在本次材料课程中了解蜡的性质，赋予其新的生命，并制作适合用于浴室内代替毛玻璃的饰面材料和可再次回收利用的装饰材料的可能性研究。

图2　　　　　　　　　　　　　　　　　　　　　　　　　　　　　　　　　　　　　　　图3

# 自由的痕迹
——以蜡生形，以蜡赋形
## Trace Of Freedom
——Create Form With Max

**岑婧仔 吴璇 王曼欣**

*材料 蜡、火漆、水*

蜡作为日常生活中常见的材料之一，在修片切蜡状时必然会有大量的废旧蜡片产生。对于这些边角料，不仅浪费成本，也不易于在自然中分解。我们从这一角度出发，发现了一些蜡的再回收、再利用的方法，或许可以作为很好的环保材料和饰面材料。

蜡遇热融化、冷却凝固，种类繁多，质地和熔点都各不相同，都具有独特的质感。我们尝试将不同种类的蜡融化、混合、凝固，观察在冷热交替下形成的形态和肌理以及各异的水痕纹路，都具有独特的自由生长的美感。同时蜡可以附着在各种材料的表面或融入进去，赋予其新的形态。

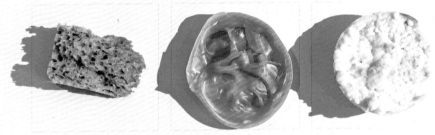

海绵赋形

水流赋形

材料熔合

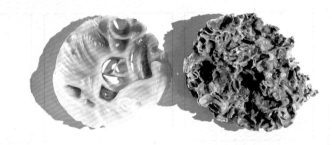

| 1 | 4 | 7 | 10 | 15 | 20 |
|---|---|---|----|----|----|
|   |   |   | 11 | 16 | 21 |
| 2 | 5 | 8 | 12 | 17 | 22 |
|   |   |   | 13 | 18 | 23 |
| 3 | 6 | 9 | 14 | 19 | 24 |

## 自由的痕迹
### ——以蜡生形，以蜡赋形
### Trace Of Freedom
### ——Create Form With Max

### 岑婧伃 吴璇 王曼欣

材料：蜡、火漆、水

从不同材料中提取出的色彩加入不同的蜡中，并将它们混合冷却，蜡会因其种类质地的不同，交融出不同的肌理和色彩，再利用蜡的特性和不溶于水的特点，塑造出一系列随机形态重构。

蜡遇水后瞬间凝固的特性和蜡本身融化后凝固的再利用性是一种比较特殊的形态融合，我们从这一角度出发，尝试在本次材料课程中通过多种实验了解蜡的性质，赋予其新的生命，并制作适合用于在浴室内可代替毛玻璃的饰面材料和可再次回收利用的装饰材料可能性研究。

 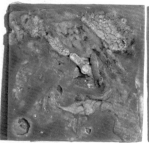 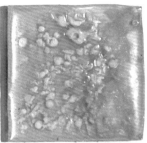

  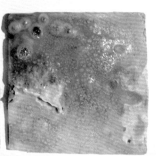

| 1——15 | 以水生形 |
|---|---|
| 16——18 | 熔蜡铸形 |
| 19——24 | 合成实验 |

| 1 | 6 | 11 | 16 | 19 | 22 |
|---|---|---|---|---|---|
| 2 | 7 | 12 | | | |
| 3 | 8 | 13 | 17 | 20 | 23 |
| 4 | 9 | 14 | | | |
| 5 | 10 | 15 | 18 | 21 | 24 |

图4

图 5

　　具体步骤：蜡遇冷融化、冷却凝固，蜡种类繁多，不同的蜡质地和熔点都各不相同，作者尝试将不同种类的蜡融化、混合、凝固，观察在冷热交替下形成的形态和肌理以及水作用于蜡所留下的水纹形态。

## 融释（消失，化解）

　　融释的"释"在这里是消逝、逝去的意思。在这类材料的制作实验中，主要利用几种材料熔点不同的原理来进行材料实验，如纤维陶、陶泥浆，以及具有纤维性的材质，如纸纤维类、植物纤维类或熔点较低的树脂类材料，在进行高温的烧制后，这些容易碳化的材料本身的形态由于高温，碳化而消逝，但保留了材料的负形。

　　荷兰设计师马萨尔·万德斯（Marcel Wanders，1963—　）的作品《海绵花瓶》（图 6）就是利用了这个原理，将海绵放入陶泥浆中，在海绵口塑出一个瓶口，把整个陶泥浆海绵混合体置入窑炉进行烧制，由于海绵熔点较低，在高温下熔化了而保留了海绵占据的负形，呈现一种具有海绵柔软质地的却又是硬质的材质作品。

　　在建筑装饰中，经常作为隔音材料使用的泡沫铝，也是使用了融释的制作原理。在泡沫铝的制作过程中，在纯铝或者铝合金中添加发泡剂，通过渗流法和铝的材质进行结合，发泡剂在铝中占据了小颗粒的均匀的空洞空间，加压冷却后用水清洗，再进行离心脱干干燥，形成了保留铝的坚硬、防火性能高等金属材质的优点。又由于泡沫铝占据了铝的很多空间，在水洗融释后，金属比重小，材质轻却经济适用。除了泡沫铝之外，铜、镍、银、锡、铁金属等都可以通过这种技术，加工成金属泡沫板。

图 6

图 6　海绵花瓶，马萨尔·万德斯

图 7—图 11　Carocci 系列，Paola Paronetto，不同类型的纸和纸板涂在粘土混合物上的结果

图 7　　　　　　　　　　　　　　　　　　　　　　　图 8

图 9　　　　　　　　　　　　　　　　　　　　　　　图 10

图 11

# 洞察秋毫
## ——火山石多孔洞的利用性研究

Be perceptive of the minutest detai
——Study on the utilization of
volcanic rocks with multi holes

## 俞辰浩

材料 火山石、锡、聚氨酯、强酸强
碱化学试剂、石灰、原木

火山石，是一种由火山喷发后，岩浆
急骤冷却形成的天然材料。因压力骤
减，表面形成不一的孔洞。其具有质
量轻、强度高、保温、隔热、吸音、
无放射等多种优点是名副其实的环保
材料。
其表面的多孔洞因气体膨胀而来。遂
通过化学浸泡产生腐蚀、产生反应物
来探究洞察其可变化性。
用强酸性、强碱性等具有强腐蚀的化
学液与之反应。观察浸泡后的变化，
微妙的变化，洞察秋毫。利用其反应
后的状态进行后续的加工实验。赋予
不同材料结合反应，创造多种可能。

  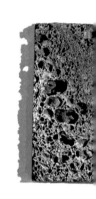

| 1——8 | 试液腐蚀 |
| 9——15 | 熔层烤漆 |
| 16——17/21——22 | 化合填充 |
| 18——20/23——24 | 熔锡断丝 |

| 1 | 5 | 9 | 13 | 17 | 21 |
| 2 | 6 | 10 | 14 | 18 | 22 |
| 3 | 7 | 11 | 15 | 19 | 23 |
| 4 | 8 | 12 | 16 | 20 | 24 |

图 12

在融创作手法的脉络下，可以分为熔融、镕融和溶融。其实讲述的是通过不同的媒介，达到物质的融合。

## 熔融

利用高温使固体物质转变为液体，实现一种或多种物质之间的融合，从而创造出新的材料质感。

## 镕融

本义为铸造的模型，陶艺、玻璃或是塑料，通过热度的变化，改变原有材料的物理性质，材料从固态变成液态，和多种材料结合，对此进行塑形，而镕的"钅"部，特指用来铸造的金属模具。

## 溶融

利用一些软性的纤维材料，如纸浆，在水或者其他液体中溶开，浆化，进行重新塑形。这里的塑形可以通过制作相关模具，也可以通过丝网、金属等硬质材料来塑型，把纸浆溶液铺洒并附着在硬质丝网材料上，纤维艺术家施慧的作品就是用了以上创作手法。

道家有一句话叫做："看山是山，看山不是山，看山是山。"在溶的材料实验中，材料源于纸，通过对它进行各种的材料实验后，纸变成了纸浆，它已经不是人们常规的认识，所呈现的也不是原来的状态，但是它来源于纸浆，并以纸的另一种样貌出现在人们面前，利用这个材质样貌变换的原理，创造出新的纸的面貌。

定格路径——探索果冻蜡颜色凝结形态（图14）

学生：刘思仪

材料：果冻蜡、蜡烛色精

果冻蜡是近年来发展起来的类似果冻般的透明胶状固体，其晶莹透明、无色、无毒、无害、富有弹性和香味。果冻蜡加工方便，熔化后可调香、调色。果冻蜡同玻璃器皿结合造型，可创造出多种工艺品及节日用品，如色彩艳丽、气味馨香的蜡烛产品、礼品、工艺品、房屋内香膏等。

果冻蜡透明无色，跟滴胶类似，可以很好地展示出色彩的形态，因此尝试在冷却成型的果冻蜡内部做色彩变化。

图13　光与海：光导纤维材料探究

学生：唐湘宜

材料：光导纤维、石膏、高纯度环氧树脂、蓼蓝染剂

图14　定格路径——探索果冻蜡颜色凝结形态

学生：刘思仪

材料：果冻蜡、蜡烛色精

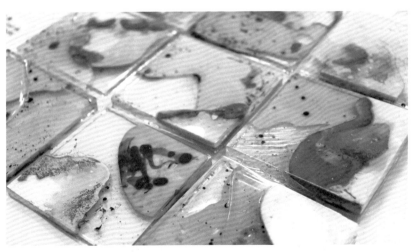

图13

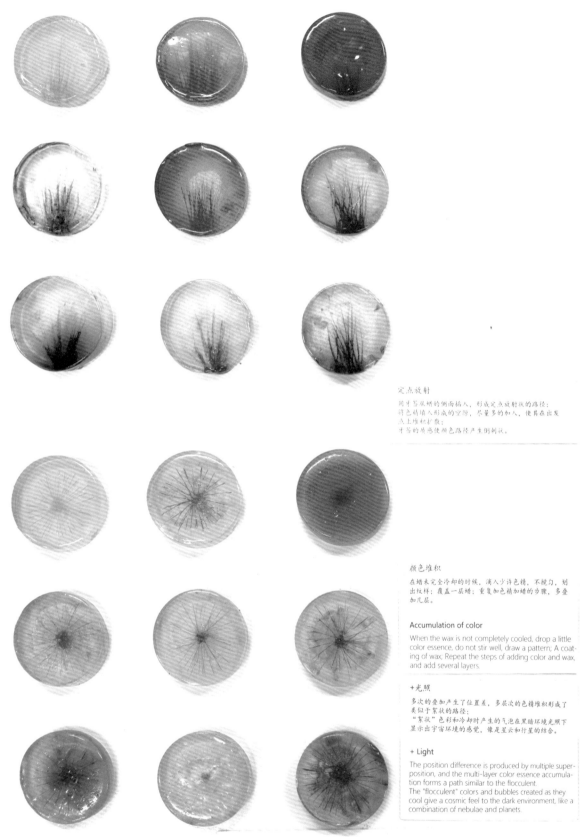

定点放射

用牙签从蜡的侧面插入，形成定点放射状的路径；
将色精填入形成的空腔，尽量多的加入，使其在出发
点上堆积扩散；
牙签的质感使颜色路径产生倒刺状。

颜色堆积

在蜡未完全冷却的时候，滴入少许色精，不搅匀，划
出纹样；覆盖一层蜡；重复加色加蜡的步骤，多叠
加几层。

Accumulation of color

When the wax is not completely cooled, drop a little
color essence, do not stir well, draw a pattern; A coat-
ing of wax; Repeat the steps of adding color and wax,
and add several layers.

+光照

多次的叠加产生了位置差，多层次的色精堆积形成了
类似于絮状的路径；
"絮状"色彩和冷却时产生的气泡在黑暗环境光照下
显示出宇宙环境的感觉，像是星云和行星的结合。

+ Light

The position difference is produced by multiple super-
position, and the multi-layer color essence accumula-
tion forms a path similar to the flocculent.
The "flocculent" colors and bubbles created as they
cool give a cosmic feel to the dark environment, like a
combination of nebulae and planets.

发散放射

用装有色精的针筒从蜡的正中间向外围注射，形成发
射状的路径；
针筒形成的路径是粗细一致、光滑的直线状。

图 14

## 第二节　活化

　　活化指的是对传统手工艺的活化，赋能新生。中国民间工艺品种类多达 70 余种，若具体到某地，保守估计也有数百上千种，对传统手工艺的活化，对它进行一个赋能的新生，去颠覆传统设计语言，创作当代设计作品。

　　品物流形 PINWU 就是这么一家致力于中国传统手工艺与材料解构研究的品牌。他们带领设计师团队深入某种具体手工艺的发源地，走访和学习当地工匠的工艺制作手法（图 15—图 18）。

　　对于传统手工艺活化研究基础上的材质实验，需要前期花费大量的精力投入来进行传统手工艺的学习，这是一个长期积累的过程。以中国台湾设计师范承宗的作品为例，自 2013 年以来，他花了 9 年时间在台湾各地寻找老师傅学习竹编的传统工艺，并结合自己的理解，创造出新的设计装置，赋予传统造物以新的智慧。

### 金泽秸质——麦秸秆的金属质感在会展空间中的材料实验（图 19）

学生：徐美怡

材料：麦秸秆

　　麦子一直是我国的传统粮食作物，在日常生活中更是与人们的生活息息相关，而小麦的根茎在粮食产出后被大量切掉，这种环保材料一直没有被大众关注。其表面如羽毛般的光泽度和本身的柔韧度也注定了这一材料具有巨大的潜在审美价值。

　　本课程针对麦秸秆这一材料，在中国传统的非物质文化遗产——麦秆画这一工艺的基础上，研究其在会展空间中的应用。具体包含熏、蒸、漂、刮、推、烫以及剪、刻等传统工艺，除此之外，还运用现代的化学试剂染色，增强其金属质感，赋予麦秸秆新的"材质语义"。

图 15　百菇森林 (Mushroom Forest)，范承宗，中国台湾 2018 台中世界花卉博览会乐农馆，竹编工艺

图 16　"融——Handmade In Hangzhou"展览部分展品

图 17　融设计图书馆展陈

图 18　渔栅屋（Fish Trap House），范承宗，竹编工艺

图 15

图 16

图 17

图 18

图 19　金泽秸质——麦秸秆的金属质感在会展空间中的材料实验

学生：徐美怡

材料：麦秸秆

## 第三节    重构

利用废旧的现成品、日常的材料进行重构，来创造具有艺术性的设计饰面或者本身可以成为的界面。贫困艺术（Poor Art）是 20 世纪六七十年代出现在意大利的一个艺术流派，贫困艺术的名称起初是由意大利策展人、艺术评论家杰尔玛诺·切兰特（Germano Celant，1940—2020）提出的。贫困并不是指财富的多寡，而是指艺术家在艺术创作中，突破油画框、大理石、青铜等古典艺术的传统材料，转而选用廉价的废旧品、日常材料，或者是通常被人们所忽视的材料作为材料的表现媒介，如树枝、金属、玻璃、织布、石头、仙人掌、速溶咖啡、羊毛、麻袋、装满玉米的袋子、飞快的氧氢火焰、古典雕塑、石蜡灯、铁片等元素，甚至是铁路的轨道，都可以作为艺术创作的材料。其实这种实验最早是从波伊斯开始的，用一种现成物品，其观念是旨在摆脱和冲破传统对高雅艺术印象的束缚。

"材质语义"不仅要通过材料的实验，创造出新的材质样貌，而且要通过样貌来表达所携带的语义。我们生活中很多的材质，特别是一些现成品的材料，它本身就已经携带着丰富的语义。那么，我们在使用这些材料作为原型，进行材料实验时，更可以利用材质所携带的语义，通过材料的重构、变形、叠加等方式，创造出一种新的语义，为设计作品表意。

如 2008 年由四个时尚品牌耐克（Nike）、海恩斯莫里斯 (H&M)、百宝瑞（Burberry）、盖普（GAP）签署的让时尚循环"Make Fashion Circular"的计划，就是通过回收现成品，减少全球的时尚浪费，提高行业的可持续发展的方向。那么，这些现成品二手物，又如何通过拆分、拼接、重构等方式来制作成新的时尚呢？

布莱恩·荣根（Brian Jungen1970 —    ）是一位活跃在当代艺术界的年轻艺术家，非常善于将年轻人热衷于消费的现成品，如运动鞋、高尔夫球袋等转化为非凡的艺术作品。他在通过对这些现成品进行解构，然后进行重构，创造出让人惊叹的材料重构形态。他的《新理解的原型》（*Prototypes for New Understanding*）系列（1998 — 2005 年）是将迈克·乔丹（Mike Air Jordan）的鞋子拆开并重新组装而成，以表明西北海岸原住民面具的原始品质（图 20）。

图 20    变形 1，布莱恩·荣根，《新理解的原型》之迈克·乔丹运动鞋，2002

通过对乔丹鞋的拆解和重构的创作过程是很有趣的，可以唤起对特定的文化传统的放大、腐蚀和同化的过程，耐克面具雕塑似乎表达了消费主义人工制品和真实人工制品之间的矛盾关系。

——布莱恩·荣根

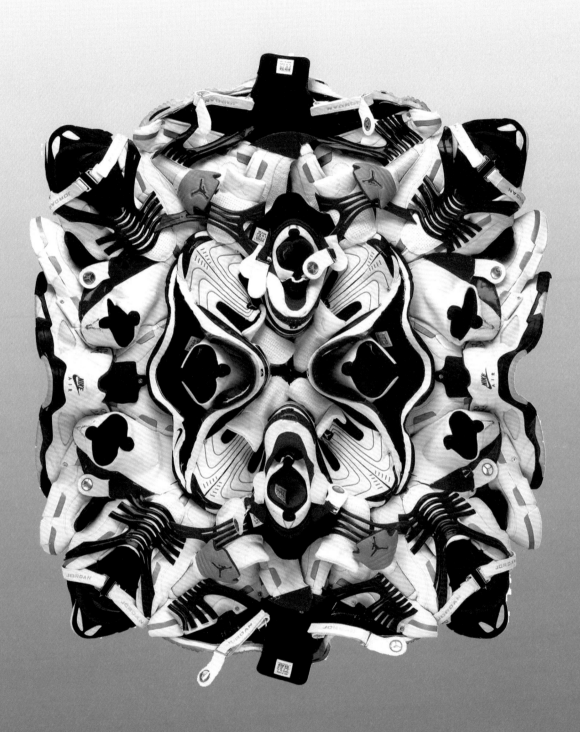

图 20

## 远塑博索——塑料瓶材料的材质实验研究（图 21—图 27）

材料：废弃塑料瓶、亚克力板、热熔胶、通电控制器、荧光颜料等

工艺：吸塑热处理

　　塑料饮料瓶是海洋塑料污染的主要来源之一。基于海洋保护考虑，以温度为变量来改变塑料瓶的形状。主要用三种方式来进行，第一种是把塑料瓶变成条状，用编制的方式来设计饰面小样；第二种是将塑料瓶做成异态形状，并利用夜光颜料来装饰，制作成饰面；第三种则是利用塑料瓶的瓶口和瓶底，通过亚克力板吸塑加工完成的。

图 21—27　远塑博索——塑料瓶材料的材质实验研究

学生：高婕

材料：废弃塑料瓶、亚克力板、热熔胶、通电控制器、荧光颜料等

工艺：吸塑热处理

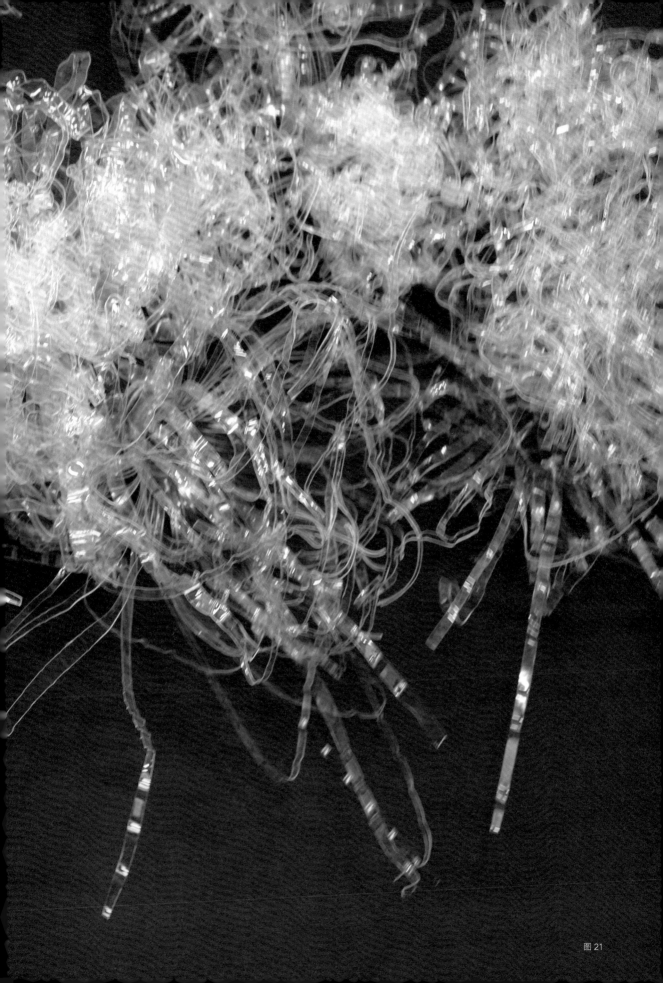

图 21

图 22

图 23

图 24

图 25

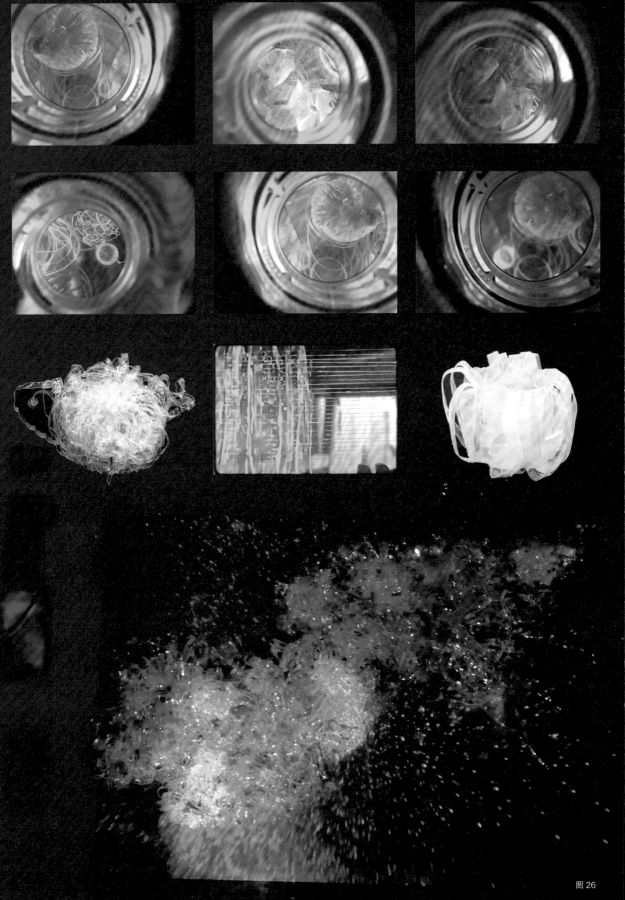

图 26

图 27

## 第四节　生长

　　自我生长，把材料和时间的概念进行了关联，记录一种时间性，一种自我的生长或者自我的老化的方式。

　　利用菌丝体自我生长的原理，培养出可以代替塑料的环保菌丝体材料，在生物设计里是比较热门的材料研究。菌丝体 (mycelium) 指的是由许多菌丝连结在一起组成的营养体类型，是菌丝集合在一起构成一定的宏观结构。通过研究菌丝体所适应的生长状况，给予适量的人为干预，所形成的菌丝体材料，已经在很多设计领域实验性地被利用起来。

　　艺术家梁绍基通过几十年的观察，研究蚕爬行、吐丝等的状态，改变蚕作茧自缚的生活习性，创造出介乎于生态学、艺术装置的蚕丝的材料表达（图 28）。

　　材料的自我老化是和时间的概念相关联的，通常我们对"时"的认识是一种时间的衡量，意味着由于时间的流逝，大自然中的空气风雨等自然现象所导致的对物体表面的磨损损耗留下的痕迹。虽然"蚀"和"时"表示的意义完全不同，"蚀"表示材料被损坏的痕迹，"时"表示时间，但是"在材质语义"的语境下，"蚀"可以通"时"。

　　以金属为例，很多金属暴露在空气中，在氧气和光线作用下会呈现出氧化的效果。在韩国的 NOXON 邻里商店，整个建筑表皮由 1549 张铜板拼接而成，随着时间的推移，由于铜板表面凹凸深度的不同，每一个局部的氧化的程度也会不同，呈现着在时间的流变当中材质的不断变化。大部分时候，设计师为了遮蔽这种老化的进程，通过给予材质表面保护膜使材料尽量呈现出"年轻"的状态。但是在材质实验的表达中，有时候我们也可以去强化这种自我老化或者自我生长的材料的状态。

### 空白扩散——菌类复合材料生物成型及生长研究（图 30）

学生：袁紫晴、马欣怡

　　菌丝体结构细腻，在生长时能将原材料结合成为更紧密的结构。菌丝体具备阻燃性特征，也可以吸收辐射，因而菌丝材料具备高坚固性、隔热隔音性、阻燃性、抗辐射、绝缘性等高性能环保材料。对于菌丝体材料，已有国内外的企业进行研究和市场投入。由于课程时间限制，本作业重点放在菌丝体对于建筑涂料的结构再造上，观察菌丝体在各个建筑废料培养基上的生长情况以及成果，观察菌丝材料的生物性能。

图 28　命运，梁绍基，蚕丝、蚕茧、铁板、铁粉、油桶、树脂、丙烯、黄砂，2012—2014
图 29　在消逝之前——气球材质与快闪店展墙的结合
学生：林纡钰
材料：气球、力特胶、焊接剂

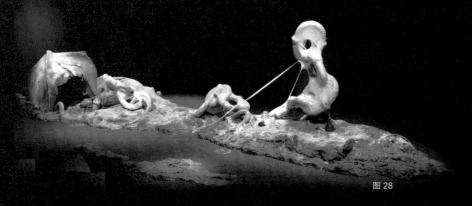

图 28

# 在消逝之前
## BEFORE IT VANISHED

### ——气球材质与快闪店展墙的结合
THE COMBINATON OF BALLOON MATERIAL AND EXHIBITION WALL OF POP-UP STORE

课程名称：形态语言三/材质语义
Morphological Language Ⅲ / Semantics of Materials
作　　者：林纾钰
指导老师：汪菲

## 01 材质语义的探析

我们正处于一个快节奏的时代，一种新的业态正在流行，那就是快闪店（pop-up store）。由于快闪店经营的短暂性，一种廉价、环保的材料，可以被运用到其墙面展示之中。气球就是这样一种易得、可降解、充满丰富可能性的材料。它能够被赋予一种新的展示功能。

〔气球的塑化后的质感变化(丙酮胶、502胶、硬接剂)〕　　〔气球的张拉性实验〕　　〔快闪店〕

## 02 材质语义的重构

在充满气的气球上用502胶画出图案，等待胶干后对气球缓慢放气，涂胶的部分会逐渐收缩，形成一种新的肌理。

在铝膜气球上剪出大小不一的洞，将乳胶气球套入其中一起打气，由于铝膜气球与乳胶气球张拉性的不同，会形成不同程度的凸出。

〔气球部分收缩形成的肌理〕　　〔两个气球结合形成的异形〕　　〔构成快闪店展墙的展品〕

## 03 材质语义的应用

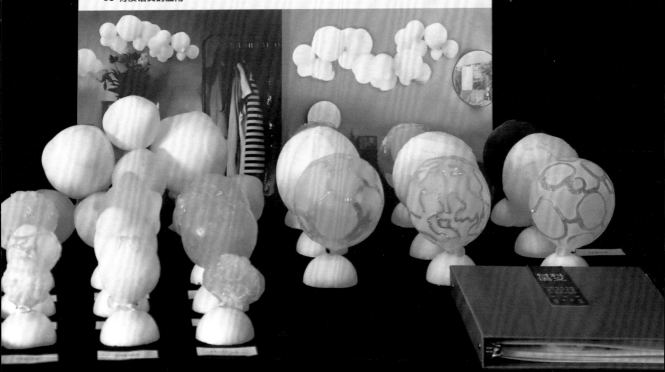

# 空白扩散
## ARCTIC PULSE
### ——菌类复合材料生物成型及生长研究

课程名称　形态语言三/材料语义
作　　者　袁紫晴、马欣怡
指导老师　汪菲、施俊华

**01　　材质语义的探析**

**02　　材质语义的重构**

**03　　材质语义的应用**

**材料语义的解析**

**材质语义的重构**

**材质语义的应用**

图 30　空白扩散——菌类复合材料生物成型及生长研究
学生：李雪娇　禹欣怡
尺寸：菌类复合材料

## 水下有座城
### ——花甲壳的再生与结晶实验
A City Under Lake
——Regeneration And
Crystallization Of Carapace

### 王子意

材料　花甲壳　纯铜片　30%冰醋酸

贝壳属于可再生资源，原材料大量废弃，贝壳现有的造型罕见不鲜，通过材料基础实验使其再生以改变现状。
本实验以花甲壳的再生利用以及探究其结晶实验为主要目标，根据其特有的酸碱中和反应进行材料探析。采用冰醋酸与花甲壳做结晶实验，比例量化，重构得到醋酸钙结晶，加入铜片探究结晶着色与附着性能，并进行固化实验。
铜片的加入使结晶有了色彩关系，探究材料使之呈现出东方设计美学的概念，寻找属于东方设计特征的肌理及色彩语系，经固化后的醋酸钙结晶体作为一种透光材料可用作灯箱饰面，且具有耐高温的特点，也可利用其独特的肌理作为一种墙面、展台装饰。

| | | |
|---|---|---|
| 1——6 | 材料展示 | |
| 7——12 | 形态合成 | |
| 13——18 | 比例量化 | |
| 19——24 | 固化实验 | |
| 25——33 | 铜片附着色彩实验 | |

| 1 | 7 | 13 | 19 | | | |
|---|---|---|---|---|---|---|
| 2 | 8 | 14 | 20 | 25 | 28 | 31 |
| 3 | 9 | 15 | 21 | | | |
| 4 | 10 | 16 | 22 | 26 | 29 | 32 |
| 5 | 11 | 17 | 23 | | | |
| 6 | 12 | 18 | 24 | 27 | 30 | 33 |

图 31　水下有座城——花甲壳的再生与结晶实验
学生：王子意
材料：花甲壳、纯铜片、30% 冰鞣酸

## 第五节　包裹与冲突

　　提到"包裹"，人们不难会想到 20 世纪 90 年代克里斯托（Christo Vladimirov Javacheff, 1935—2020）和让娜 - 克洛德·德纳·德·吉列邦 (Jeanne — Claude Denat de Guillebon, 1935—2009）所创作的一系列大地艺术作品。《包裹着国会大厦》整件作品由包括专业登山队员在内的 200 多名工作人员于 1995 年 6 月 14 日共同完成的，作品通过超过 10 万平方米的表面聚丙烯编织物对国会大厦进行包裹。后来他也通过包裹的行为创作了一系列的作品。

　　埃内斯托·内托（Ernesto Neto, 1964—　　）是一位来自拉丁美洲的当代艺术家。自 20 世纪 90 年代以来，他一直使用包裹的创作手法进行艺术创作，希望通过包裹的方式创造一种"穴"的概念（图 32—36）。"邀请人们居住在它的身体里——坐在它的垫子上，唱歌、跳舞、呼吸我们星球的能量。"内托将丁香、姜黄、胡椒和孜然等香料粉末塞进像皮肤一样具有弹性的织物中，从空间顶面悬挂下来，利用地心引力的作用，使具有尼龙弹性质感或手工钩编的织物在拉力、重力等多重力的作用下变形，创造出具有生物形态和有机材料的作品。观众可以触摸这些作品，走过它们，或者让它们动起来；在许多情况下，它们也会影响嗅觉，参观者被邀请专注于他或她自己的感知，并与工作及其环境互动。

图 32　Paxpa—我们内心有一个森林恩坎塔达，埃内斯托·内托，2015

图 33　毛细胞骨架，埃内斯托·内托，2014

图 34、图 35　永恒的无限，埃内斯托·内托，1998

图 36　悬挂的袜子，埃内斯托·内托

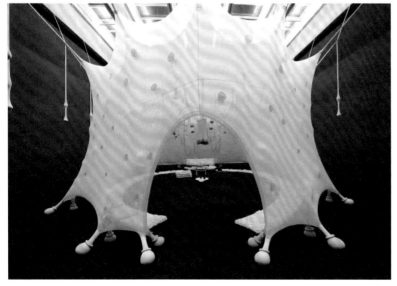

图 32

图 3

图 34

图 35

图 36

Language III · Material semantics
材质语义

# Material and perception+
# 材料与知觉+

## Introduction of the Chapter
## 本章导读

听觉、味觉、视觉等这些在设计领域及被重视或被遮蔽的感官体验，能否在材料设计的探索中有所突破？材料与知觉+强调的不是以单一感官为触发点，而是一种综合性的表达。新技术之间合作材料与交互试图寻找新材料的可能性。

# 第六章　材料与知觉＋

**本章导读**

■ 听觉、味觉、视觉等这些在设计领域不被重视或被遮蔽的感官体验，能否在材料设计的探索上有所突破？

■ "材料与知觉＋"强调的不是以单一感觉体验为切入点，而是一种综合性的表达。

■ 材料与交互试图寻找新材料、新技术之间合作的可能性。

如果说在第四章"材料原始种类的分类与选择"中，希望带领学生开启"材质语义"之旅的开端，在第五章"材质表现实验的可能性"中，则是希望建构一种材质实验可能性操作的思维导图，使学生能够了解到，原来在材质表现的实验中，有这么多种的方向和可能性可以去探索。

那么，在第六章"材质与知觉＋"中，主要是想要突破常规人们对"材质语义"表现的一种观念的壁垒，在第一章中提到的莫霍利·纳吉的《新视觉》中，主要针对的是材料在视觉和触觉上的研究，是否可以放开思路？从基于人体感觉器官的"五感"出发，利用听觉、味觉、视觉等感觉的刺激作用，去激起一些材质语义上的实验，去探索与材料息息相关的视觉和触觉之外的听觉、味觉、嗅觉的感官体验之于材料表达的重要性，即不是以单一的某种感觉为研究切入点，而是综合性的表达，一种联觉的概念。在几种感官相互作用下，去强调和突出某种平常不被重视或被遮蔽的感官体验，从而做出材料实验联想和实践。

本章节的后半部分，从感觉的范围扩大到媒介，探讨材料与光、材料与交互、材料与艺术的关联，去看待设计。虽然材料是本章关注的重点，但是，在后续的课程当中，希望这个引子和思路能在某个设计的思维时间段去引发某种感触和设计表达。

## 第一节　材料与知觉＋

声音本身是非物质的存在，声音的产生是声波通过介质当中的振动，产生声波，声波被人或自然界的其他生物的听觉器官所感知的过程，而这些介质就是自然界中的各种物质，其中大部分是我们可以利用的材料。

在《感觉的自然史》一书中，作者戴安娜·阿克曼 (Diane Ackerman, 1946—2023) 提道："视觉在面对听觉时经常占上风。"听觉相较于视觉，是相对辅助的、被遮蔽的感觉，声音也常常是作为附属信息的烘托媒介存在。在电影、戏剧、影像中，听觉可以辅助视觉激发人们的某种情感，这属于多感官增进体验的范畴，引导体验者通过多感官的体验感知，获得多维度综合认识。

这是一个位于韩国首尔的葆蝶家（Bottega Veneta）快闪店（图1—图3），设计建立了一个反射式充气盒结构，并安装了 24 个不同尺寸的扬声器。在声音环境中，环境声音相互分层播放，从喧嚣的大都市生活的片段到海边的海浪撞击。灵感来源于 1974 年，作曲家弗朗索瓦·贝勒（Francois Bayle）开创了一种声音扩散系统——支顶孢属（Acousmonium）。

相较于多感官增进体验，跨感官补偿体验指其他感官体验补偿某些感官认知的心理体验。在《共振——声波的形态》这组作品中，作者利用了声音和材料所建立起的联觉现象，即通过声音对材料所引发声波的振动而引起材料的某种运动，通过不同的色彩喷溅的方式，在空间中呈现出来。

材质，其中也包括了材料的气味，它也是一种材料质感。通过气味去表达语义，传达想法。气味可以令人产生对色彩感情画面的联想。在第五章"包裹与冲突"中论及的拉丁美洲裔艺术家埃内斯托·内托在作品中就经常所使用各种香料，使我们可以想到来自拉丁美洲土著原始人生活的景象，通过嗅觉的气味体验，去达成一种与观者的共情。

图1—图3　葆蝶家快闪店，反射式充气盒结构，
24 个不同尺寸的扬声器

图 1

图 2

图 3

## 共振——声波的形态（图4）

学生：颜子祥

声音频率：75赫兹、105赫兹、130赫兹

可视化媒介：牛奶、色素、水、石英砂

声波本质上是由物体的振动产生的。声音的传播需要介质，而介质可以是气体、液体和固体。这次实验选择液体和固体作为声音可视化的研究方向，在记录声音痕迹的同时，也探讨如何利用声音创造动态的抽象图形。

具体步骤：使用音频发生器产生稳定的声音频率，连接功放板和喇叭放大声波的效果。往扬声器喇叭上倒水、牛奶和颜料，扬声器底下放置画布，同时拍摄记录声音的色彩和抽象图形；使用共振喇叭和亚克力板制作简易装置，撒上石英砂，记录不同频率下的共振图形。

图4　共振——声波的形态

学生：颜子祥

声音频率：75赫兹、105赫兹、130赫兹

可视化媒介：牛奶、色素、水、石英砂

图5　自然视听剧院

可视化媒介：镜片、分光棱镜、激光、保鲜膜、狗尾巴草

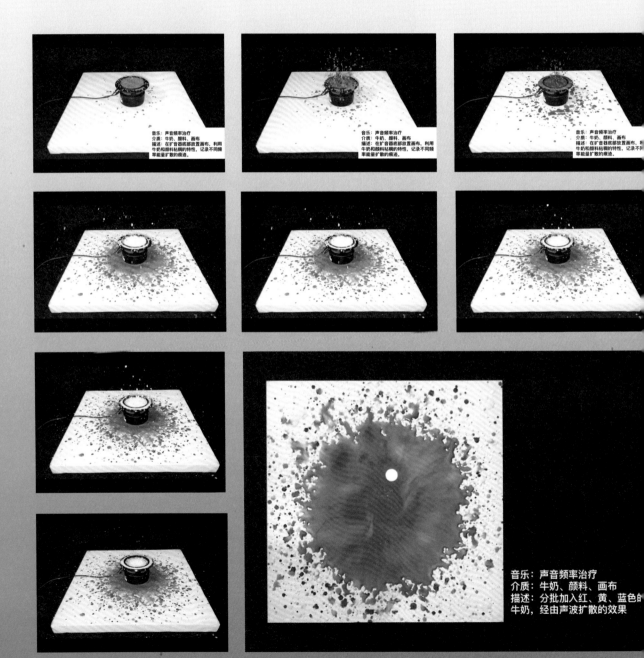

音乐：声音频率治疗
介质：牛奶、颜料、画布
描述：分批加入红、黄、蓝色的牛奶，经由声波扩散的效果

图4

### 自然视听剧院（图5）

可视化媒介：镜片、分光棱镜、激光、保鲜膜、狗尾巴草

　　利用激光和植物，去展示歌曲的能量。将歌曲的演出以直观的动态形式呈现，装置的目的在于从视觉和听觉上将歌曲的情绪传达给观者。

　　具体步骤：准备好扬声器、激光笔、保鲜膜、塑料瓶、镜片和分光棱镜。剪开塑料瓶，将保鲜膜固定圆柱形的瓶身上，将镜片和分光棱镜贴在保鲜膜表面，之后将喇叭置于塑料瓶中，把塑料瓶放置于暗箱内。固定好激光笔，让光束斜射至镜面，光线会投射到暗箱的三个立面上呈现图案。

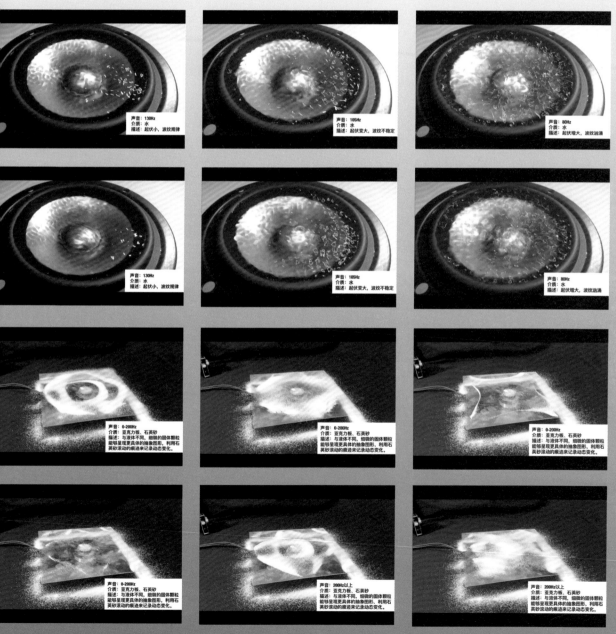

图5·

## 第二节　材料与光

　　光是自然界的一种物理属性，是一种辐射能，是看不见，摸不着的，它只有
与材料相遇之后，通过材料的反射折射，刺激视觉感官，才能在人的视相中展现
它的魅力。

　　光有人工光源和自然光源两类。光与材料的结合有很多种可能性，光与影，
光与色，光在半透明材料中的显现，本身作为发光材料的创造、特殊光源的
应用……

图 6　光色留影
材料：发光材料、紫外线等

光色留影。
　紫外线照射能让荧光材料发光，
停止照射后，荧光材料仍然能保持一段
时间的亮度。

图 6

## 盐迹流莹——石膏与盐的透光实验（图 7、图 8）

学生：刘昕怡

材料：盐、海盐、粗盐、细盐、岩盐、玫瑰盐、紫盐、小苏打、氯化镁

　　盐是一种常见的传统调味品，而在被用作调味之前，盐就作为世界上分布最广的材料而存在。海盐、湖盐、岩盐、土盐，盐依附于地球各种原始介质之中，以不同形态存在，这是否意味着盐作为材料还有更多可能性待探索？

　　本次实验使用不同种类的盐与石膏进行组合尝试，探索光环境下的特殊光盐肌理。

图 7、图 8　盐迹流莹——石膏与盐的透光实验

学生：刘昕怡

材料：盐、海盐、粗盐、细盐、岩盐、玫瑰盐、紫盐、小苏打、氯化镁

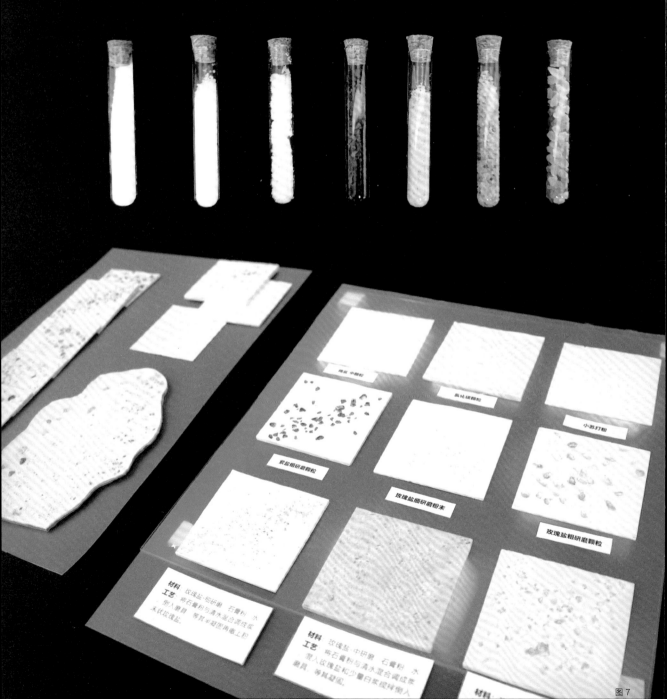

图 7

图 8

## 纺雪织云（图 9—图 12）

学生：彭亚琴 陈丽 俞悦

材料：光导纤维和织线

　　将传统纺织手工艺（钩织）与 现代材料（光导纤维）相结合，并将这种创新面料用于会展设计中。光导纤维有光导性，能够实现由"点光"至"面光"的效果，且不妨碍面料的柔软性，用于会展设计中可代替灯光，使室内充满柔和的光线，兼具美感与实用性。传统手工钩织可实现肌理变化的多样性，实现色彩的丰富性。将光纤面料与软装相结合，可提供夜间室内的部分照明需要，而且光纤面料的光线柔和不刺眼，夜间可为老年人及儿童活动时提供光线，柔和的光线也不会影响睡眠。光与色的精心交织，使生活的情境多了丝丝亮点。

图 9—图 12　纺雪织云

学生：彭亚琴 陈丽 俞悦

材料：光导纤维和织线

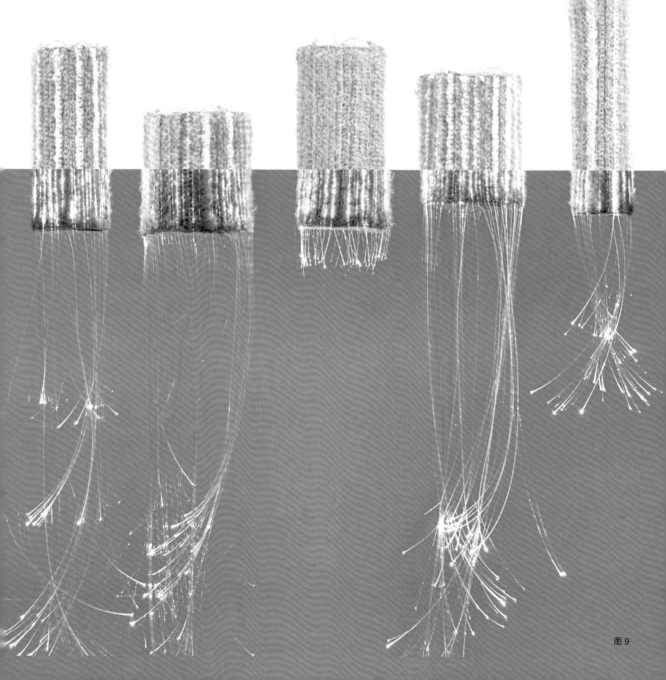

图 9

图 10

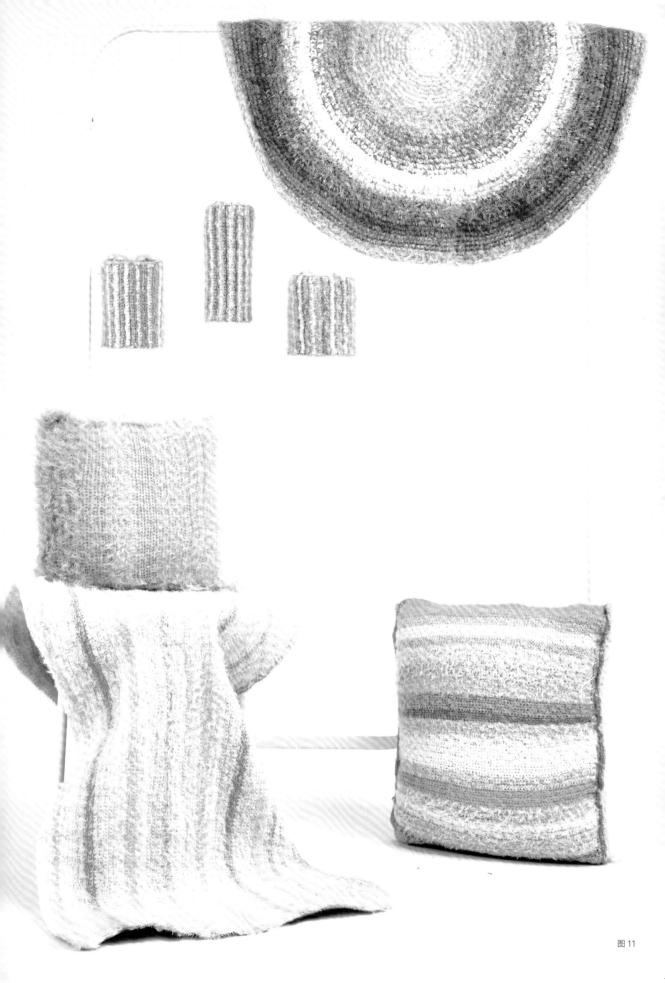

图 11

图12

## 第三节 材料与交互

交互设计（Interaction Design）指两个或多个互动的个体、媒介之间交流、相互作用后形成的某种互动模式。1984 年，比尔·摩格里吉 (Bill Moggridge, 1943—2012) 第一次提出交互设计的理念，但在此之前，交互设计已经存在。交互强调用户的体验，大部分时候用于互联网人工智能领域。

材料与交互试图寻找新材、料新技术之间合作的可能性。青年艺术家郭耀先作品《共象》（图13）是一组使用光导纤维和脑电波采集仪交互合作的作品。作品通过脑电波采集仪现场采集观众的意念，通过符号逻辑的变数，来驱动相应纬线的光色之变，将思"维"的律动藉由互相交织联通的网状结构，来创造一个不断演化的"织体"。作者释义："这既是'殊相'的'织体'，是人与人之间因缘、际遇和关系的某种隐喻，也是某种共同体的'殊相'。通过这样的试验，计算和推演着'众生'和'太和'之道于共相之象。"

在作品《乌阳》中，作者使用镜面反射材料，采用折叠工艺，配合乌阳内容的投影，创作出材料与投影交互的主题创作。

乌阳（图14、图15）
学生：潘茜茜
材料：投影、镜面、双面镜
作品释义：

| | |
|---|---|
| 毒泷恶雾，风雨如晦。 | "光"赋予人视力， |
| 浮光掠影，曜野蔽泽。 | 望日月更替，晓时间。 |
| 开天辟地，沧海一粟。 | 观星象之变，晓宇宙。 |
| 日月同辉，万宗归元。 | 观光影，晓万宗之元。 |

图13 共象，郭耀先，光导纤维和脑电波采集仪，2020

图14、图15 乌阳
学生：潘茜茜
材料：投影、镜面、双面镜

图13

图14

对比不同材质的反射效果：

—— 镜面材质

锡纸材质　　　　　　　　　　　白纸材质

图 15

# 后记 | PSTRSCRIPT

　　在本教材的撰写过程中，东南大学史永高博士的《材料呈现——19 和 20 世纪西方建筑中的材料的建造和空间双重性研究》一文对于材料饰面的研究，使我受到很大的启发。而约翰·伯格的系列文集，特别是《观看之道》，则隐性地在材料饰面与观看的关系之间给我提供很多的线索和启发，使我对看与被看，特别是空间中的观看行为与内容之间的关系，空间维护、界面的透明性引发的空间的渗透，有了更深一层的认识和理解。

　　本教材《材质语义》研究内容和学生作业呈现之间存在一定的内容断裂，特别是"叙事环境语境下的材质语义"这一章，在学生作业当中表现得不够完善。这种断裂主要基于两点原因：一、"材质语义"仅仅是一个 5 周的阶段性课程，学生对这部分的内容难以理解，五周时间的课程限制，学生往往会把重心放在材质实验上，真正要去思考和回应叙事环境语境下的"材质语义"时，已经临近结课，所以只能以图示的方式草草表达。今后的教学可以考虑以延长课程时间，或者在下一阶段课程中，做一个内容延续的方式，弥补之前课程内容上的遗憾。二、作为教师，在之前的教学课程中没有很好地把这一块给强化出来。记得成朝晖老师，她作为我的领导，曾以大姐姐的身份，对我讲过一句话：编写教材，其实就是一种对教学内容的梳理整合，让思路逐渐清晰的过程。而这一章节内容也属于本教材中最难啃的骨头，在编写教材的最后阶段才完成，因此，也是我在之前的教学中没有明确强调的内容。我想，在之后的教学当中希望能够更加清晰地把这部分的教学思路贯穿到课程当中，使学生作品得到更加完善的呈现。特别要感谢施徐华老师，我们作为多年的课程合作伙伴，一起探索《材质语义》课程的教学之路。本教材选用的学生作品，有部分是和施徐华老师一起合作指导完成的。

　　写教材的过程，其实就是一个对自己原有思考的总结、深入，并逐渐推进的过程，一些在之前的思考中比较表象的，或者仅仅开启了一个引子的思考，在写作的过程中，不得不逼迫自己从源头探究梳理，从纵向的历史脉络和横向的同时期比较中找到 N 个关键节点，梳理出来龙去脉。

　　这本书与其说是教材，不如说是我这些年在和学生的互动以及本人环境叙事语境下关于材料思考的一次总结，其中的材料与联觉、材料与时间、材料与交互等内容，是对于材料长久性的、持续的思考痕迹，这些并不一定能在短短五周的单元课程作业中很好地体现出来。它仅仅是开启了一种材料实践与思考之旅，是引子。"物有悦人之美，人有惜物之心。"后面的故事只要有心，就能做得很精彩。

　　这不是一本工具书，在本教材中，并没有任何一章节、一段落是手把手地教学生如何进行材料的具体制作，而是透过设计案例的表象，挖掘材料选择、制作和表达的底层思维和逻辑关系，希望尽可能地建构一个材质实验的思维导图，学生可以根据自己的爱好和一些自身特色优势，去选择某一种材质和关联某些想要的做法。

　　以往关于材质的教材或者书籍，更多的是以材料的罗列、某类或多类材料的具体工艺来展开。基于叙事环境专业性的特征，在本教材中，我更强调材质实验的最终结果，作用和落实到空间的各个属性的界面上的一种叙事表达。

　　本科学建筑设计，硕士学纤维艺术，博士攻设计文化研究，我作为一名具有交叉学科背景的专业教师，前期潜移默化的交叉学科所给我带来的知识背景，使我想在其中找到一些契合点。于是，当设计学院开设"材质语义"课程时，我欣然地选择了这门课的教学，并希望以此作为自己的研究兴趣，教学相长。

责任编辑：章腊梅

执行编辑：宋邹邹

装帧设计：汪 菲

版式制作：胡一萍

责任校对：杨轩飞

责任印制：张荣胜


**图书在版编目（CIP）数据**

材质语义 / 汪菲著． -- 杭州 ： 中国美术学院出版
社，2023.10（2024.4 重印）
  新形态教材 中国美术学院·国家一流专业·视觉传
达设计教材系列 / 毕学锋主编
  ISBN 978-7-5503-3113-6

  Ⅰ．①材… Ⅱ．①汪… Ⅲ．①材料－设计－高等学校
－教材 Ⅳ．① TB3

中国国家版本馆 CIP 数据核字（2023）第 173373 号

[ 新形态教材
New Integrated Form
of Coursebook ]　中国美术学院
国家一流专业·视觉传达设计教材系列 / 毕学锋　主编

# 材质语义
## 汪　菲　著

出 品 人　祝平凡

出版发行　中国美术学院出版社

地　　址　中国·杭州南山路 218 号　邮政编码：310002

网　　址　http://www.caapress.com

经　　销　全国新华书店

印　　刷　杭州捷派印务有限公司

版　　次　2023 年 10 月第 1 版

印　　次　2024 年 4 月第 2 次印刷

印　　张　12.5

开　　本　787mm×1092mm　1/16

字　　数　180 千

印　　数　2001－4000

书　　号　ISBN 978-7-5503-3113-6

定　　价　78.00 元